宝库编织

从领口开始的棒针编织

[日] 宝库社 编著

韩慧英 闻江涛 译

中国水利水电出版社
www.waterpub.com.cn

肩部无并连、侧边无缀缝、袖子也无须拼接，
顾名思义，"从领口开始编织"就是从领窝起针开始编织。
过肩之后，接着编织衣片和袖子，无须复杂的缀缝·并缝，毫无难度的编织方法。

尺寸调整方便，
对比从下摆开始编织的毛衣等，本书介绍的方法在尺寸调整方面更加方便。
从领口到下摆向下编织，编织的同时可对照自身尺寸轻松调整衣宽及衣长等尺寸。

过肩图案的乐趣
从领口开始编织的毛衣中，有对应图案均匀加针的圆过肩，也有在衣片和袖子的接口处加针
的插肩袖。
任何一种都能从编入的过肩图案中感受到丰富的编织乐趣。

目录 contents

混合图案的圆过肩毛衣	4
镂空图案的圆过肩开衫	6
几何图案的圆过肩开衫	8
插肩式条纹图案毛衣	20
插肩式扭花图案毛衣	22
彩色图案毛衣	34
彩色图案开衫	36
彩色图案披肩	37
阿兰图案的圆过肩毛衣	40
阿兰图案的圆过肩束身衣	44
阿兰图案的披肩	45
阿兰图案的插肩式毛衣	48
编入费尔岛彩色图案的毛衣	52
编入费尔岛彩色图案的束身衣	56
编入费尔岛彩色图案的短上衣	57
北欧图案的插肩式毛衣	60
北欧图案的短斗篷	64
做法	
从领子开始编织的圆过肩毛衣	10
从领子开始编织的插肩式毛衣	24
简单的尺寸调整	87

混合图案的圆过肩毛衣
Mix pattern sweater

由麻花图案分割镂空图案和梯形图案，并形成过肩图案。
按照教程解说的规定顺序操作，初学者也能顺利编织。

Hamanaka sonomono 羊驼毛(中粗)
羊毛60% 羊驼毛40%
40g 线团(约92m)
中粗型 棒针6-8号
均未使用任何染料,原料自身带有的一定颜色,形成其
特有的风格。而且,粗细适中的中粗线更加方便编织。

镂空图案的圆过肩开衫
Lacy cardigan

简洁的粗线开衫,就像镂空质感织成的披肩。
后领侧(而不是衣片侧)设置前后差,使过肩花纹更加牢固。

内藤商事 muschio
羊驼毛 62% 羊毛 26% 腈纶 10% 尼龙 2%
50g 线团（约 35m）
超级粗型 棒针 15 号~17mm
大量使用非常受欢迎的羊驼素材，初学者也很容易上手的超级粗纱，质地轻柔、温暖的素材感，更能传递手编作品的温馨感。

几何图案的圆过肩开衫
Geometric pattern cardigan

添加彩印图案编入花纹中，形成更加复杂的图案效果。
此外，需要对应花纹的变化进行加针。

钻石毛线　diamohairdeux（羊驼）/diamohairdeux（羊驼）印染
马海毛（极品马海毛）40%　羊驼（小羊驼）10%　腈纶50%
40g 线团（约160m）
中粗型　棒针6～7号
精品马海毛和小羊驼毛的和谐搭配，还有柔顺质感的轻质编织
效果也是其特征之一。单色式样和混色印染式样的搭配。

做法
从领口开始编织圆过肩毛衣

上下颠倒的制图中,许多的拼合记号……而且,看编织图时或许会有很多疑问。
这里介绍的从领口编织的圆过肩毛衣,其特征是编织时无须缀缝和并缝即可轻松完成。
简单的方法吸引更多的人热爱编织,即使毛衣编织的初学者也可轻松体验"从领口开始编织"的无限乐趣。

编织开始前
◎工具

①环针或4根棒针…对应编织尺寸使用40cm·60cm·80cm左右的环针。如果编织尺寸比环针长度小,则使用4根棒针。使用任何一种都不会产生编织效果的差异,选择使用方便的方法即可。
②剪刀…建议使用锋利的手工剪刀。
③棒针针套…套在针头的针套,防止绕于棒针的针圈松脱。
④针数环…挂在棒针上,用于编织开始处和编织结束处的标记。如果没有针数环,也可用线环代替。
⑤钩针…用于编织的起针的锁针。使用时,选择比所使用的棒针大一号的钩针。
⑥毛线针…用于处理线头。
⑦扭花针…编织扭花图案的方便工具。
⑧起针用的别线…之后可以拆下,同作品所用编织线粗细相同,但颜色不同的线。此外,最好使用不易分叉棉质或捻合牢固的线。

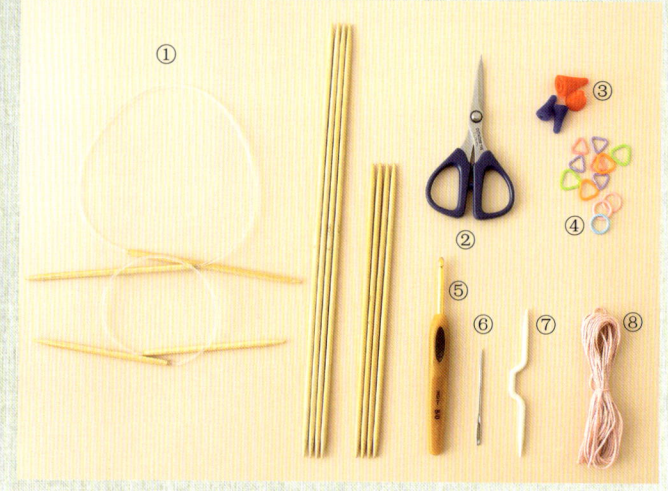

毛衣的各部分及名称

编织顺序

Lesson 1
编织过肩 → p.12
在领窝起针,将过肩编织成环状。

Lesson 2
编织衣片 → p.14
将过肩分成袖子和衣片,后衣片处编织前后差。
前后衣片之间制作拼叉袖山部分的锁针,并挑出。
前后衣片制作成环状,整周环编至下摆。

Lesson 3
编织袖子 → p.17
从休针的过肩的袖子、前后差及拼叉袖山挑针,环状编织至袖口。

Lesson 4
编织领子 → p.19
松开领窝的起针,再挑针,并将领子编织成环状。

混合图案的圆过肩毛衣 图片见第 4 页

● 需要准备的物品　线…hamanaka 羊驼毛（中粗）亮蓝色（62）380g=10 团　针…棒针 7 号（环针 60cm・40cm 或 4 根针）、6 号（环针 60cm・40cm 或 4 根针）

● 成品尺寸　胸围 95cm、衣长 48.5cm、袖长 68.5cm

※ 胸围…后衣片（从过肩开始的挑针 41.5cm＋拼叉袖山 6cm）+ 前衣片（从过肩开始的挑针 41.5cm＋拼叉袖山 6cm）=95cm

※ 衣长…过肩长 16cm＋前后差长 3cm＋侧边长 29.5cm=48.5cm

※ 袖长＝领窝的尺寸（84cm−18cm 通过领子的挑针调整）÷6＋过肩长 16cm＋袖长 41.5cm=68.5cm

● 织片密度　10cm 见方的平针 19 针×28 行、花纹针 21 针×27.5 行

※ 具体表示以下内容：平针的织片，10cm 见方的密度为针数 19 针 行数 28 行；花纹针的织片，10cm 见方的密度为针数 21 针 27.5 行。

※ 织片密度表示针圈的大小，是完成所标注尺寸的标准。如果试编织的织片比织片密度标准多，则使用大 号的棒针；如果比织片密度标准少，则使用小一号的棒针。

● 编织方法要点

参照第 12 页的顺序进行编织。

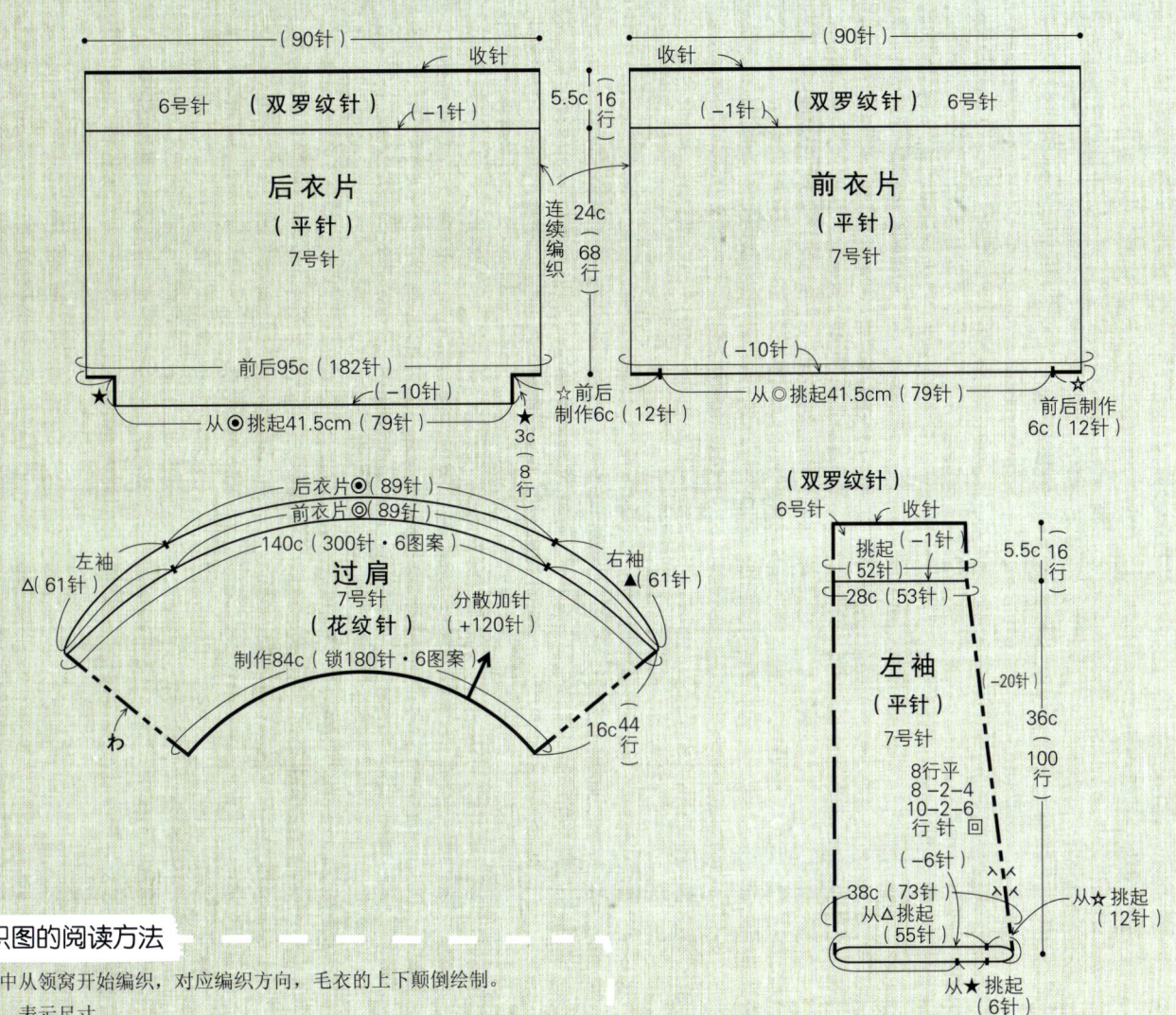

编织图的阅读方法

制图中从领窝开始编织，对应编织方向，毛衣的上下颠倒绘制。

c=cm，表示尺寸。

过肩前后重合绘制。

衣片除前后差以外，前后侧连续编织成环状。衣片和袖子分别从过肩的拼合记号连续编织。

袖子基本从左侧开始绘制。需要注意，左右袖虽然同型，但拼叉袖山的起针对称。

Lesson 1
编织过肩

过肩…整体为6个图案。领窝位置制作别线锁针的起针，参照图示在扭花图案的两侧，通过卷针加针和镂空图案的挂针扩大编织。最后，在编织结束处断线。

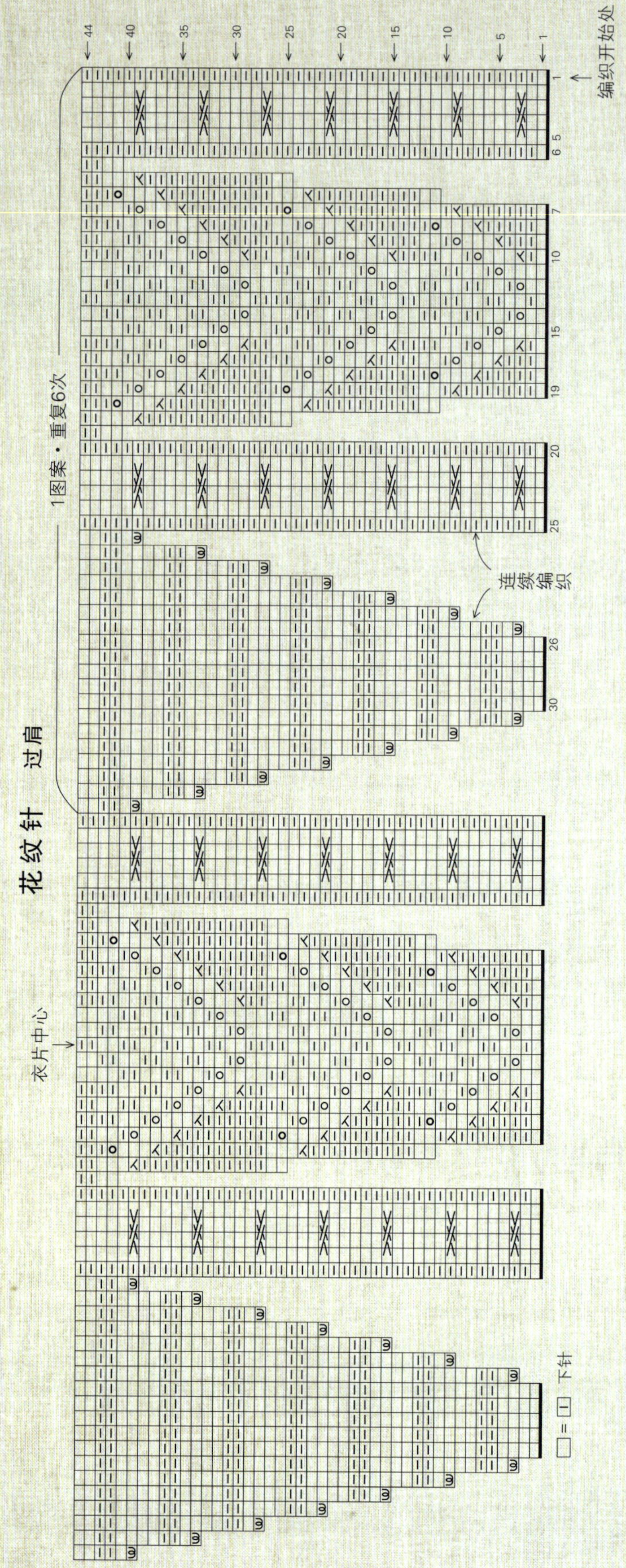

领窝的起针

◎别线锁针的起针

之后松开起针、编织领子，所以通过别线锁针的起针开始编织。别线锁针使用比棒针粗的钩针，或者有意识地放松编织。编织时多出所需针数即可。

从锁针的编织结束处将针送入锁针的里侧，逐针绕线引出。别线锁针必须从锁针的编织结束处开始才能松开，所以需要注意挑针的开始处。

◎环状编织

从别线锁针挑出的行为第1行。编织第2行前，先确认起针是否扭曲，再编织成环状。此外，环状编织时，如果编织的行数较多，则无法辨别编织开始处和编织结束处。这时，将针数环放入切换位置，作为1行编织结束处的记号。

环针…体积紧凑、携带方便，但所使用的环针长度如果大于编织尺寸则无法使用，如果小于编织尺寸则使用困难，最后对应不同作品多准备几种。

↑针数环

4根针…准备4根无针头的棒针。将所有针圈均匀分配至3根棒针，并用第4根棒针编织。使用时不受编织尺寸影响。

↑针数环

过肩的加针

图片位置进行卷针加针和图案挂针的加针，扩大编织作品的过肩。

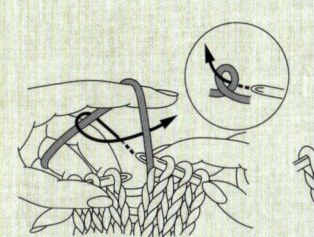

卷针

如箭头所示，转动编织绕于右针，在针圈和针圈之间增加1个针圈。

挂针

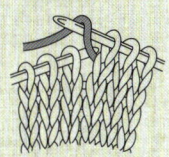

如图所示，将线绕于右针，在针圈和针圈之间增加1个针圈。如果下一行编织缠绕的针圈，则成孔状。

Lesson 2
编织衣片

过肩分为衣片和袖子，袖子在别线处休针。
在过肩的后衣片部分，来回编织8行前后差，并在第1行减针。接着，在侧边通过别线锁针制作拼叉袖山，连接前后侧制作成环状。
前衣片同样在第1行减针。
下摆为双罗纹针。
第1行前后逐针减针编织16行，编织结束处边编织下针及上针边收针。

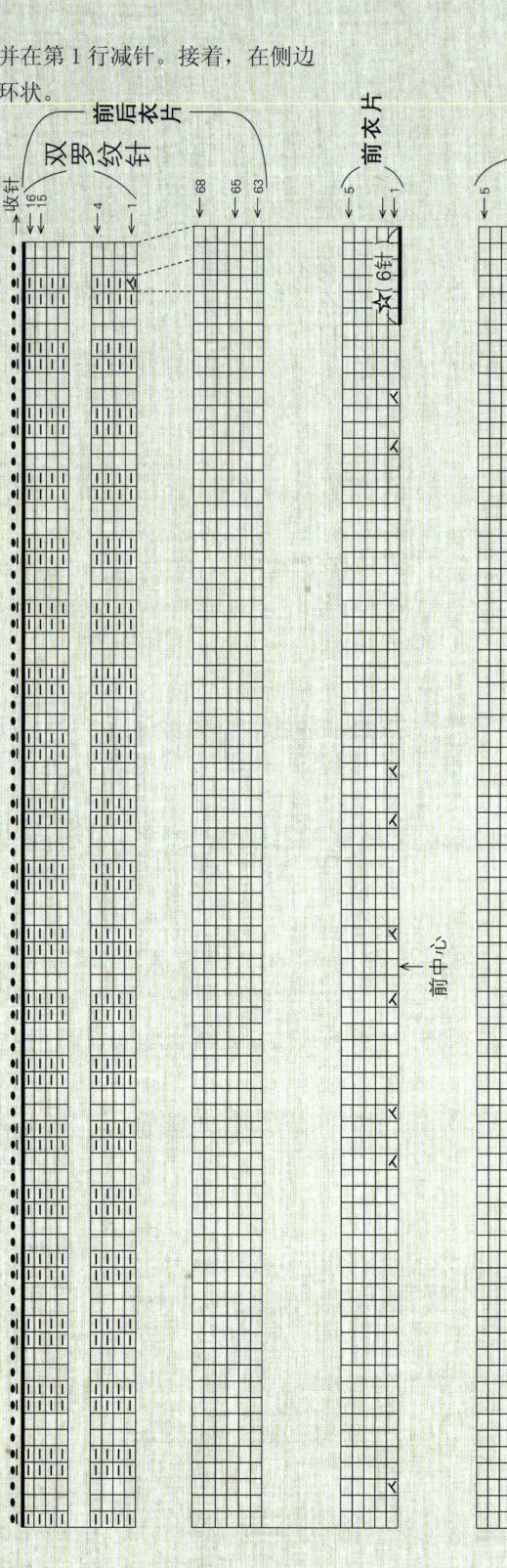

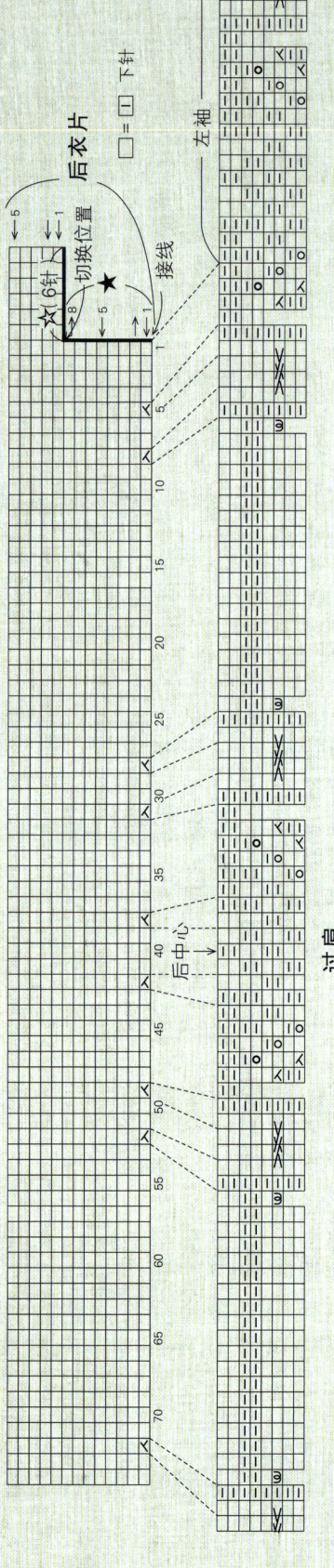

过肩分为衣片和袖子

分开前后衣片及袖子,编织开始处和结束处的切换位置在衣片的后侧。
左右的袖子分别在别线处休针。

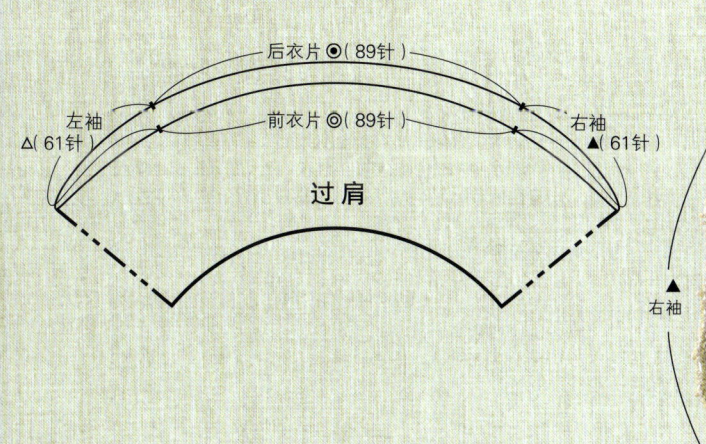

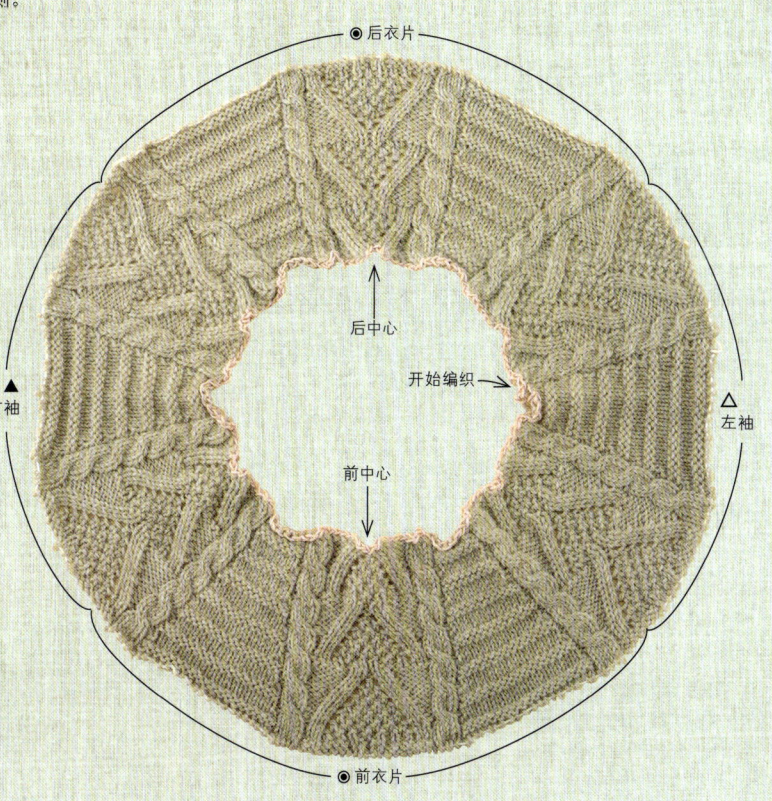

后衣片处编织前后差

过肩结束处留长3～5cm左右编织后衣片,使成品的毛衣更易穿着。
※ 为方便识别,图片中使用不同于作品颜色的线。

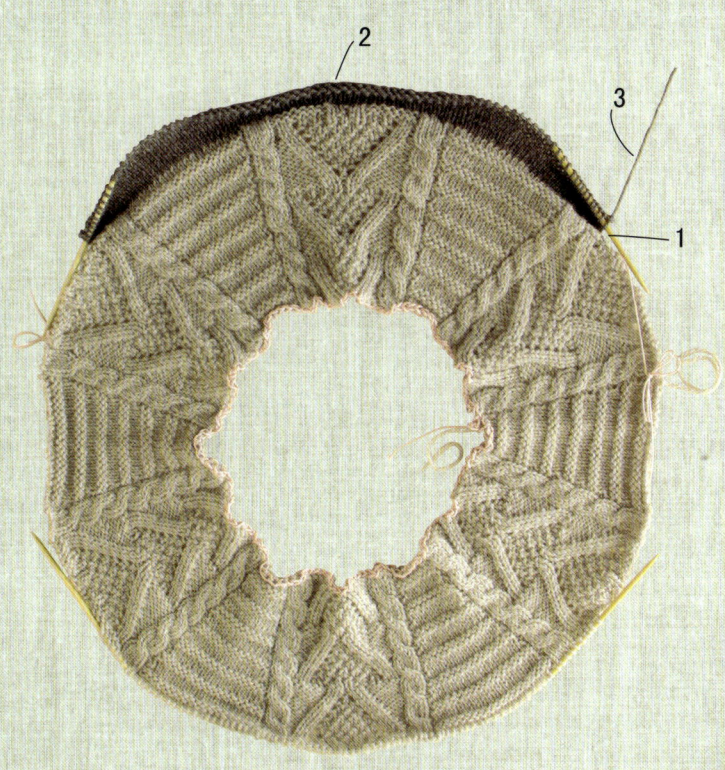

memo 备忘录

针圈正确挂针

编织前,将暂时休针于别线处的针圈再次送回棒针。需要注意的是,如果此时针圈无法正确挂于棒针,则针圈为扭曲状态。

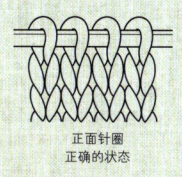

正面针圈
正确的状态

1
衣片的中心对齐图案,将线连接于图中位置。

2
从过肩的花纹针开始,衣片的平针处的织片密度产生变化,所以参照图示在第1行减针。减针时将图案的下针重合于上针,使减针位置更加隐蔽。

3
平整编织完成8行后衣片的前后差,不断线继续编织后衣片。

前后衣片处制作拼叉袖山

准备2个别线编织12针的锁针。在衣片的两侧从别线锁针挑出拼叉袖山部分,将前后侧编织成环状。

1. 接着后衣片的前后差,继续编织衣片的第1行,并从准备好的别线锁针挑起右侧边的拼叉袖山。

2. 拼叉袖山的12针挑针制作完成。继续编织前衣片,且第1行同后衣片一样减针。

3. 前衣片编织完成后,左侧的拼叉袖山制作挑针,并将针数环放入编织开始处和结束处的行的切换位置,作为1行结束处的记号。

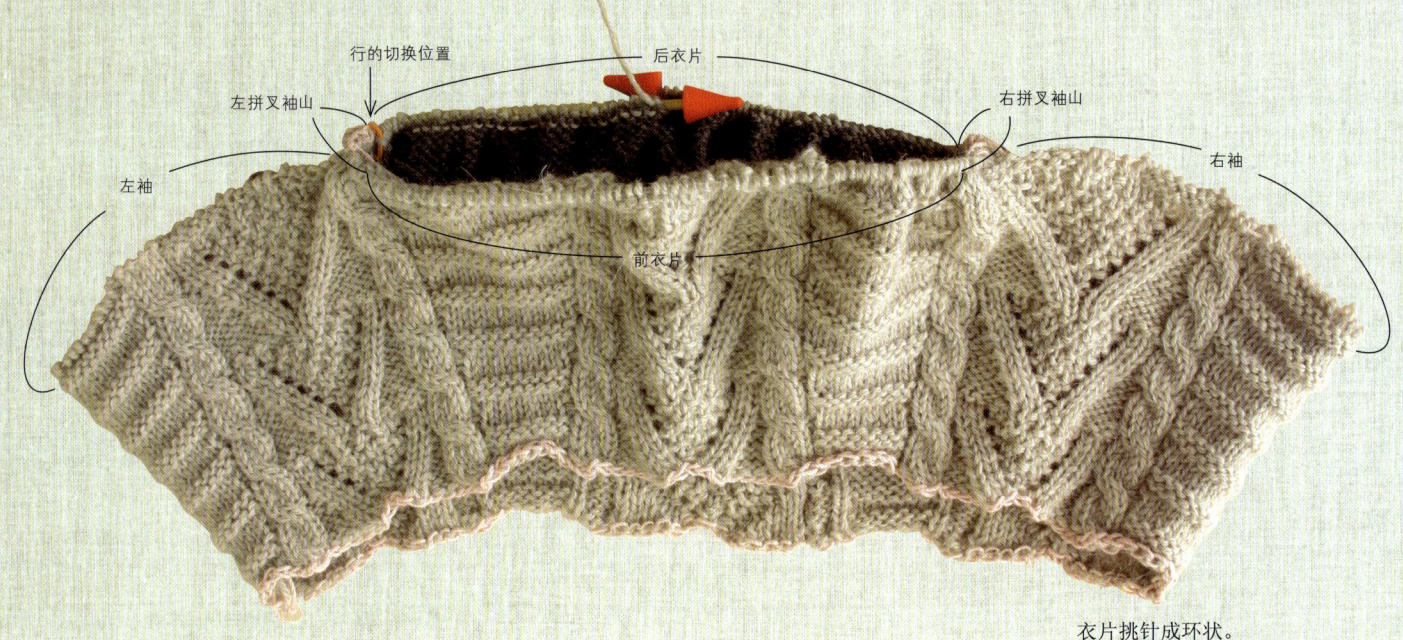

衣片挑针成环状。
前后侧接着整圈环状编织至下摆。

编织前后衣片

衣片用平针编织。平针为所有针圈的基础。但是,平针的织片相对图案的织片,如果出现错误编织及不整齐的针圈则会更加明显。保持相同节奏编织的理想状态,不能因引线的差异造成针圈过松或过紧。

memo 备忘录

针编弧和沉降弧

将挂于平针针圈的针的线圈称作"针编弧",其间过度的线圈称作"沉降弧"。从别线锁针挑起针圈时,就是将这个沉降弧挑起。图片中5针针圈的沉降弧中,4针和两侧形成半端的各半针的针圈。

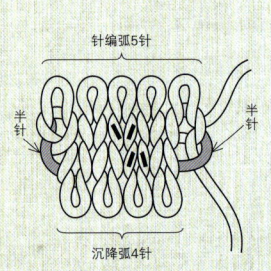

Lesson 3
编织袖子

将暂时休针的过肩的袖子移动至棒针。衣片的拼叉袖山同样松开别线锁针，并挑起针圈。线连接于衣片的侧边，开始编织袖子。但是，在过肩部分的第1行减针。从拼叉袖山、过肩的袖子部分、前后差的行开始挑起针圈，编织成环状。袖下送入针数环，在其两侧减针。袖口处为双罗纹针。第1行减针1针，编织16行，编织结束处边编织下针及上针边收针。

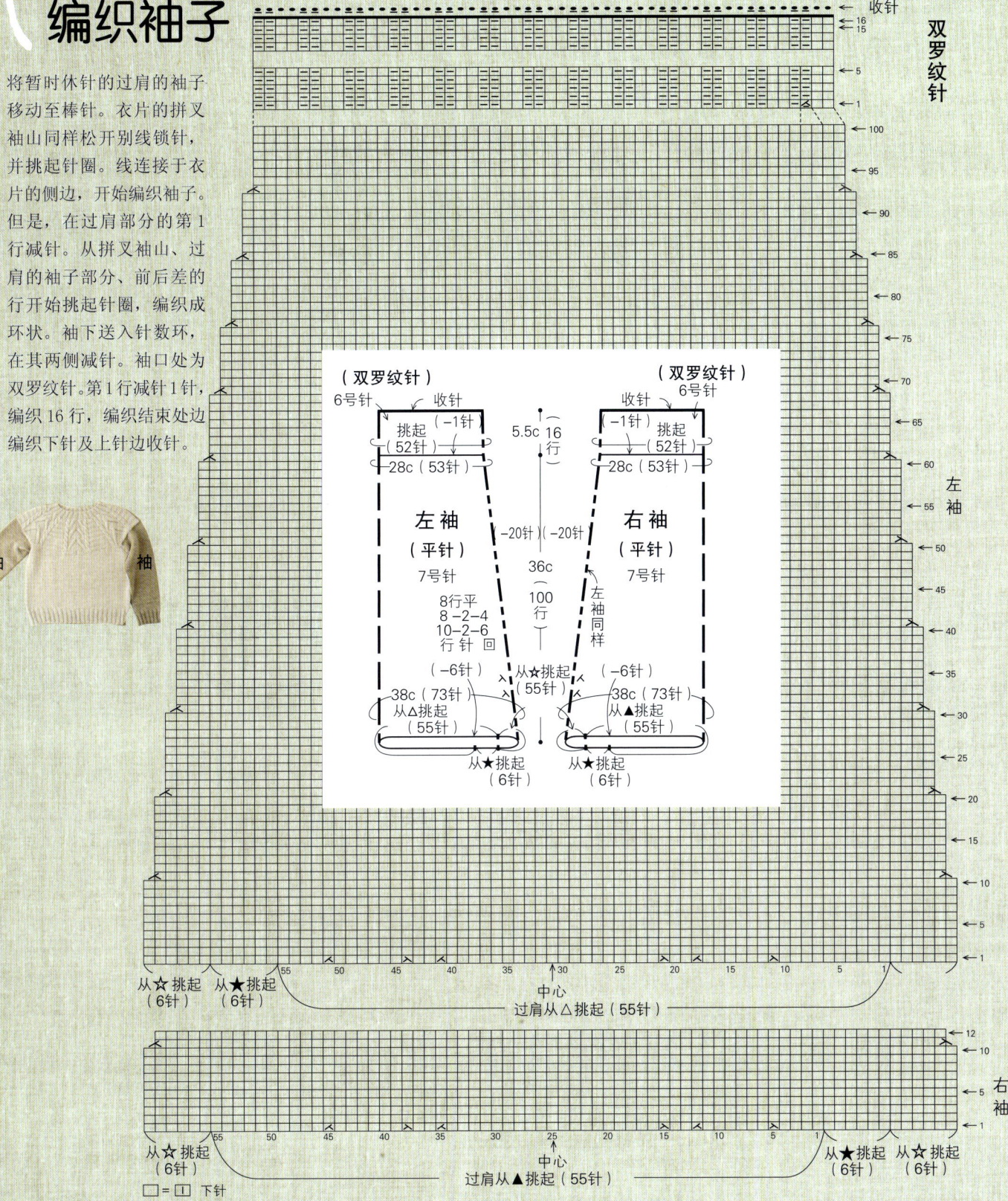

从拼叉袖山・前后差开始挑针

将休针的过肩的袖子移至棒针,从拼叉袖山和前后差开始挑针,
编织环状至袖口。
前后差部分添加至后衣片侧的袖宽。

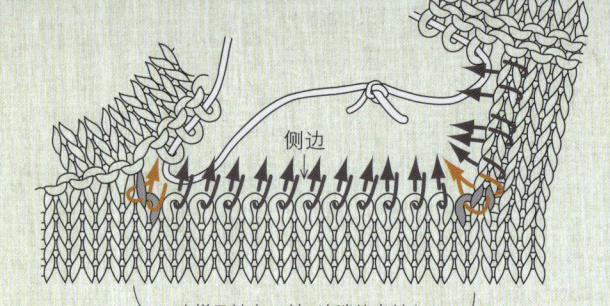

（拼叉袖山12针+边端的半针）

← 2针一起织

左袖 …线连接于袖下→前侧边的拼叉袖山→袖过肩→前后差→后侧边的拼叉袖山

1. 将针送入侧边的拼叉袖山部分,松开锁针的起针。拼叉袖山的12针挑起沉降弧,挑起13针（含两端的半针）。

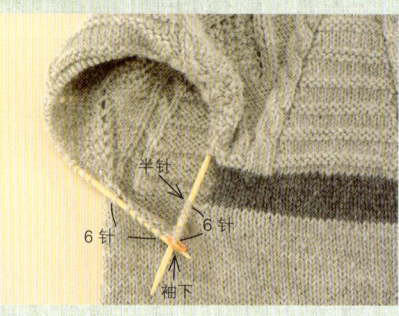

2. 从袖下接线开始编织。袖下为侧边的拼叉袖山的正中间。沉降弧（端部的半针）分为后衣片侧的袖子。

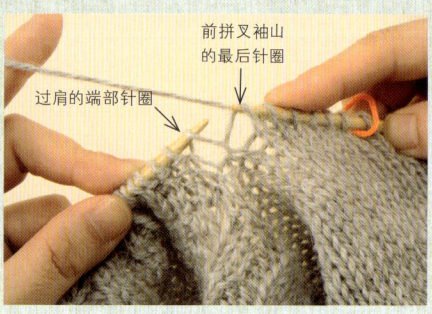

3. 接着拼叉袖山继续编织过肩。前拼叉袖山最后的针圈将过肩端部针圈的沉降弧重合于背面编织。

4. 边减针袖过肩编整圈编织,接着从前后差的行挑起针圈。棒针送入端部针圈的1针内侧,并引出线。

5. 前后差最后的挑针将拼叉袖山的沉降弧（端部的半针）重合于背面挑起。

右袖的1行编织成环状。
针数环送入袖下的编织开始处和结束处的行的切换位置,作为记号。

右袖 …线连接于袖下→后侧边的拼叉袖山→前后差→袖过肩→前侧边的拼叉袖山

1. 同左袖一样,将棒针送入过肩、侧边的拼叉袖山部分的针圈,并从袖下接线开始编织。

2. 前后差最初的挑针将拼叉袖山的沉降弧重合于背面挑起。

右袖的1行编织成环状。
针数环送入袖下的编织开始处和结束处的行的切换位置,作为记号。

袖下的减针

袖子的减针在编织结束处和开始处的切换位置固定针数环的两侧进行。
袖下中心的2针连续减针是关键。

中心2针立起减针 送入针数环时，避免中心位置。

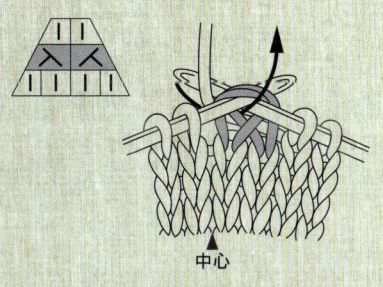

1. 钩针一并送入中心的近前2针，一起编织。

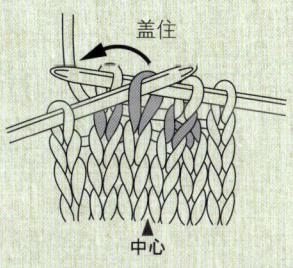

2. 滑动下一个针圈，第2针编织完成后盖住滑动的针圈。这就是右上2针并一针。

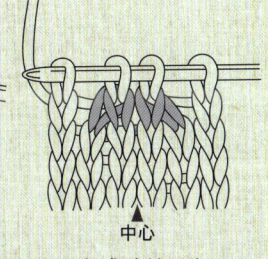

3. 完成减针，中心2针朝上。

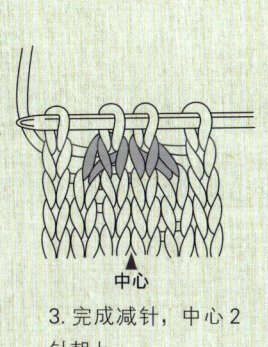

袖下

Lesson 4
编织领子

边松开过肩处起针的锁针边挑起针圈，将领子编织成环状。
第1行减针至规定的针数，双罗纹针编织10行。
编织结束处边编织下针及上针边收针。

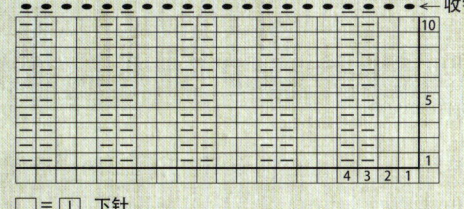

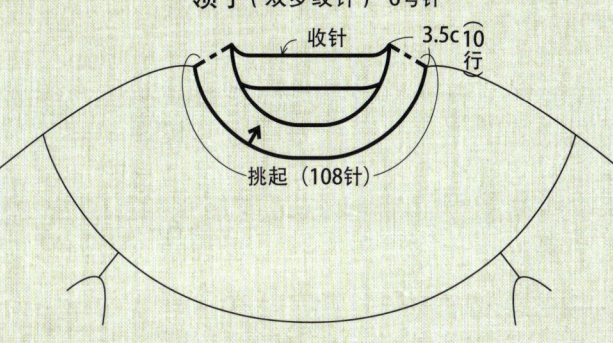

领子的挑针

别线锁针从锁针的编织结束侧松开。
迅速松开，注意防止针圈脱落。

1. 从起针的锁针的编织结束处挑起针圈。过肩的编织开始处的线头挂于棒针。

2. 边松开别线锁针边挑针。针圈正确挂线送针。

3. 领子的针圈挑针完成。针数环送入编织开始和结束处的切换位置。连接编织开始的线，过肩的线头重合于第1行编织。

插肩式条纹图案毛衣
Border sweater

芥末色的短袖毛衣搭配柔和色调的条纹图案。
按照教程解说的规定顺序操作,初学者也能顺利编织。

内藤商事 lanabio
羊毛（有机羊毛）100%
50g 线团（约120m）
中粗 棒针6～8号
有机羊毛使用环保染料，通过草木印染工艺制成。此外，这种编织线为中粗的直纱。

插肩式扭花图案毛衣
Cable sweater

将风格不同的扭花图案分别搭配至前衣片、插肩、袖子。
适合叠穿的宽松袖子，风格自然。

内藤商事 zara
50g 线团（约125m）
中粗 棒针6～7号
稍显细腻的中粗直纱。捻合牢固、织片优雅、编织舒适。
受到众多针织品设计师的追捧。

做法
从领口开始编织插肩式毛衣

同"从领口开始编织"的圆过肩毛衣并列的另一种技法,插肩式毛衣。
对比圆过肩的对应图案均匀扩大编织过肩整体,插肩式在衣片和袖子的接头呈四方形扩大编织。该加针位置的切换位置就是"插肩线",也是毛衣的设计重点。

毛衣的各部分及名称

前　　　　　后

编织顺序

Lesson 1
编织过肩 → p.26
在领窝起针,将过肩编织成环状。在衣片和袖子的接头进行过肩的加针。

Lesson 2
编织衣片 → p.28
将过肩分成袖子和衣片,后衣片处编织前后差。前后衣片之间制作拼叉袖山部分的锁针,并挑出。前后衣片制作成环状,整周环编至下摆。

Lesson 3
编织袖子 → p.30
从休针的过肩的袖子、前后差及拼叉袖山挑针,环状编织至袖口。

Lesson 4
编织领子 → p.31
松开领窝的起针,再挑针,并将领子编织成环状。

插肩式条纹图案毛衣

图片见第30页

- ●需要准备的物品　线…内藤商事　lanabio　黄色（12）230g=5团 黄绿色（18）35g=1团、鲑鱼红（15）30g=1团、米色（9）30g=1团　针… 棒针7号（环针60cm·40cm或4根针）、6号（环针60cm·40cm或4根针）
- ●成品尺寸　胸围91cm、衣长52cm、袖长37cm

※胸围…后衣片（从过肩开始的挑针40.5cm+拼叉袖山5cm）+前衣片（从过肩开始的挑针40.5cm+拼叉袖山5cm）=91cm
※衣长…袖子的袖窿尺寸7.5cm÷2+过肩长14cm+前后差长2.5cm+侧边长32cm=52.25cm
※袖长＝领窝尺寸17.5÷过肩长14cm+袖长14.5cm=37.25cm

- ●织片密度　10cm见方的平针 20针×29行、花纹针 20针×34行
- ※具体表示以下内容：平针的织片，10cm见方的密度为针数20针·行数29行；花纹针的织片，10cm见方的密度为针数20针·34行。
- ※织片密度表示针圈的大小，是完成所注尺寸的标准。如果试编织的织片比织片密度标准多，则使用大一号的棒针；如果比织片密度标准少，则使用小一号的棒针。
- ●编织方法要点

参照第26页的顺序进行编织。

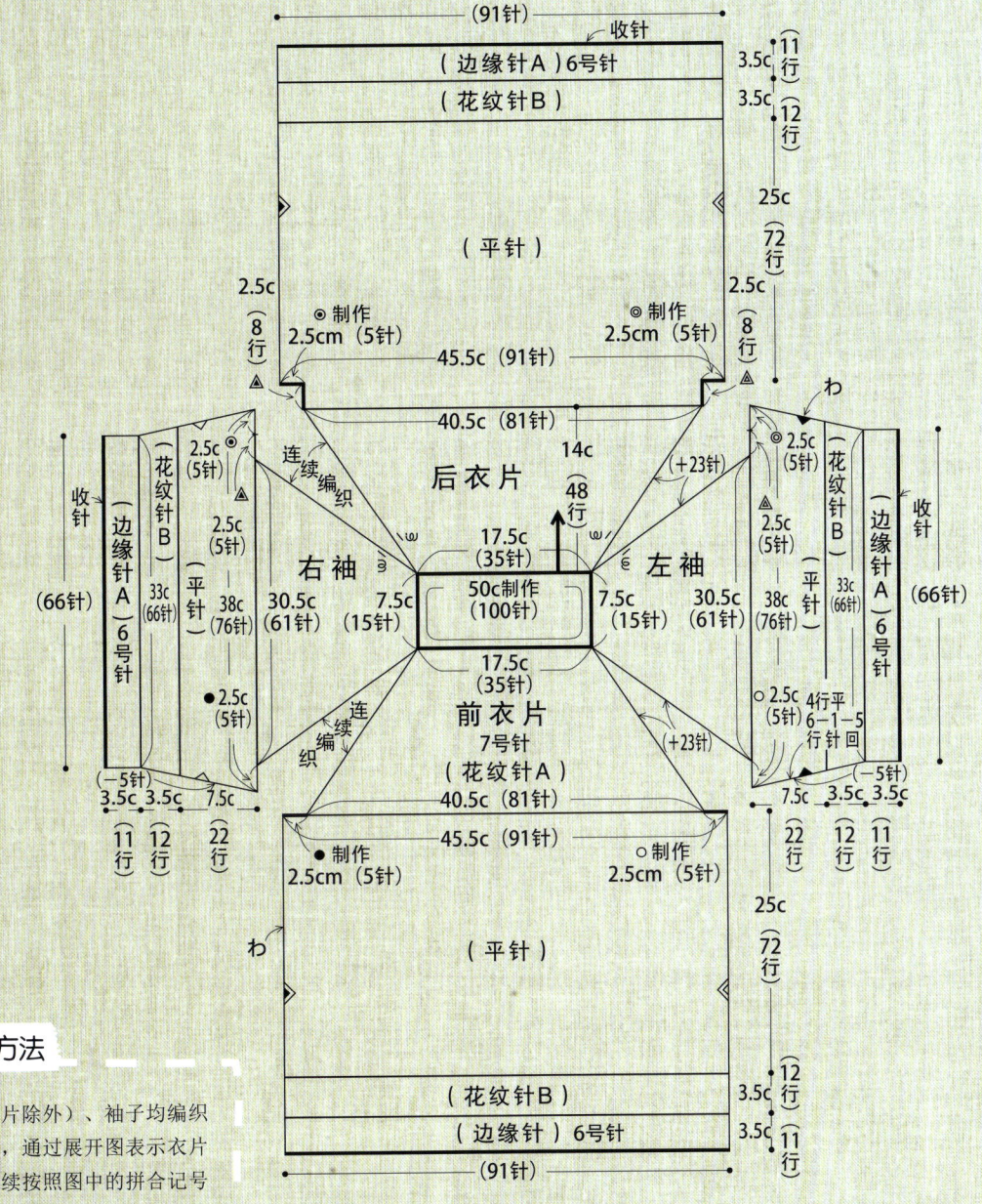

编织图的阅读方法

c=cm，表示尺寸。
过肩、衣片（后衣片除外）、袖子均编织成环状。编织图中，通过展开图表示衣片和袖子。但是，连续按照图中的拼合记号进行编织。此外，插肩式的过肩同图案无关，衣片和袖子的接头处进行加针。

Lesson 1
编织过肩

过肩通过花纹针 A 编织。
领窝位置制作别线锁针的起针开始编织。
插肩线立起 2 针衣片和袖子的接头处针圈，并在其两侧卷针加针。
注意卷针的方向，编织结束处不断线继续编织衣片。

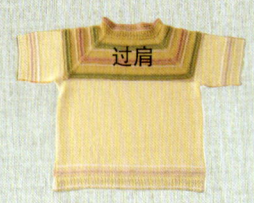

过肩

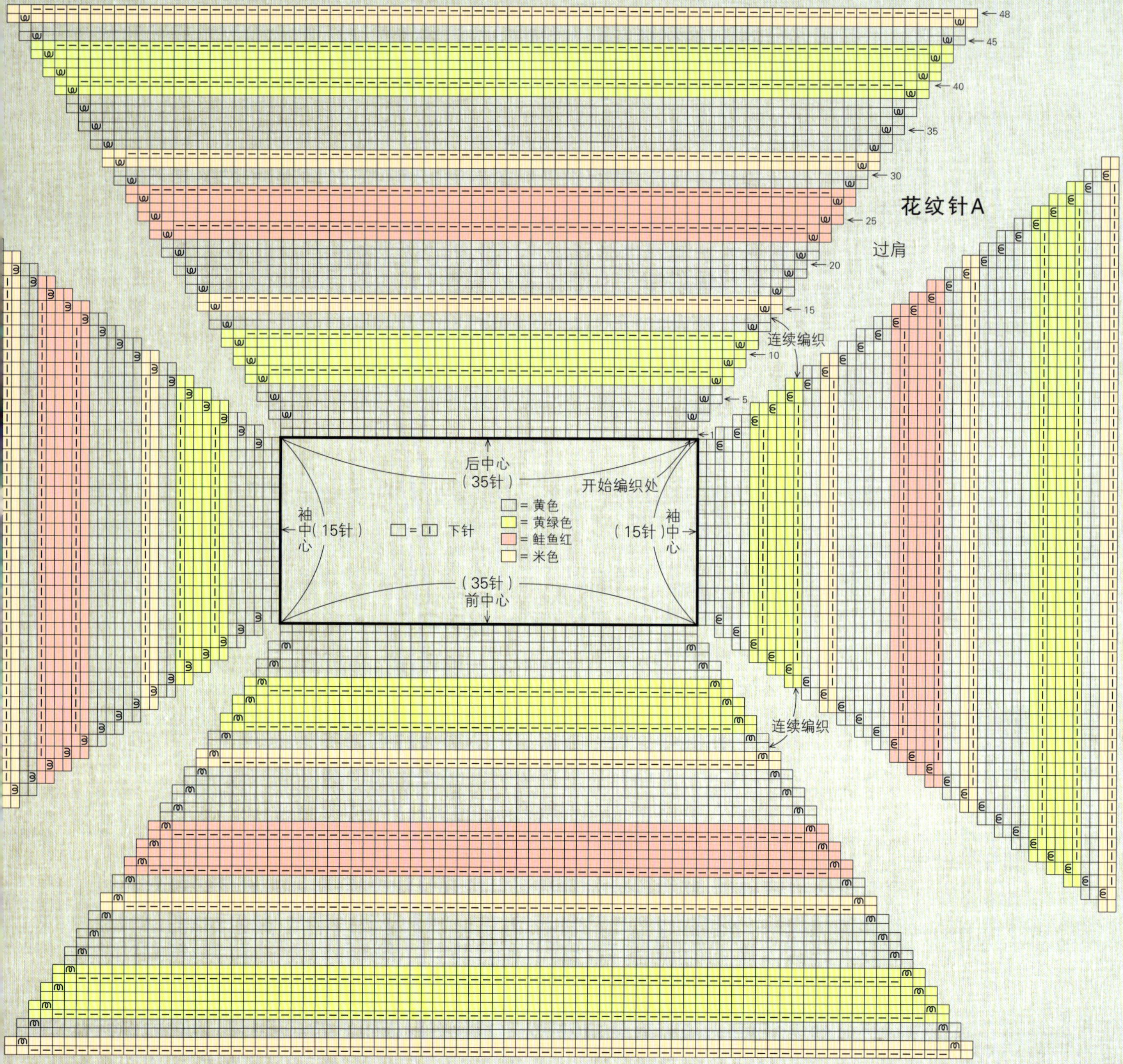
花纹针A
过肩
48
45
40
35
30
25
20
15
10
5
1
连续编织
后中心
(35针)
开始编织处
袖中心(15针)
(15针)袖中心
□=□ 下针
□=黄色
□=黄绿色
□=鲑鱼红
□=米色
(35针)
前中心
连续编织

领窝的起针

之后松开起针、编织领子，所以通过别线锁针的起针开始编织。

如果所用的针为环针，则在40cm位置开始挑起；针数过多时，可替换成60cm位置开始挑起。

或者使用4根针。

插肩线立起2针，并将针数环送入夹住该2针的两侧，作为加针位置的记号。

对于拥有编织开始处及结束处的行的切换位置的插肩位置，需要插入不同颜色及大小的针数环。

环针
从别线锁针挑起第1行。编织开始处及结束处的行的切换位置成为后衣片和右袖的插肩的正中间。

4根针

插肩线的加针

插肩的过肩同图案无关，在插肩线（4处）的相同行进行加针，所以加针的位置非常清楚。

插肩线的加针为1行各加8针，所以基本隔1行的空间就大幅扩大编织。

此外，为了编织结束处和编织开始处的卷针不会出现明显的行错位，最好1提前1行操作。

插肩线的加针关键在于卷针的方向。
制作针圈时，总是连接插肩线的线向上。

1. 扭转制作针圈，使连接左侧的线向上。这就是左上卷针。

2. 扭转制作针圈，使连接右侧的线向上。这就是右上卷针。

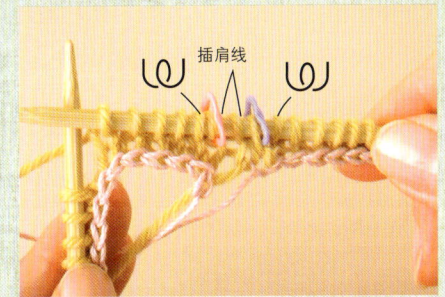

3. 夹住插肩线，卷针的方向左右对称编织。

Lesson 2
编织衣片

过肩分为衣片和袖子,袖子在别线处休针。
在过肩的后衣片部分,来回针编织8行前后差,并在第1行减针。接着,在侧边通过别线锁针制作拼叉袖山,连接前后侧制作成环状。下摆为边缘针A。编织结束处调换织片的面,并改变编织方向,最后收针时上针出现于正面。

衣片

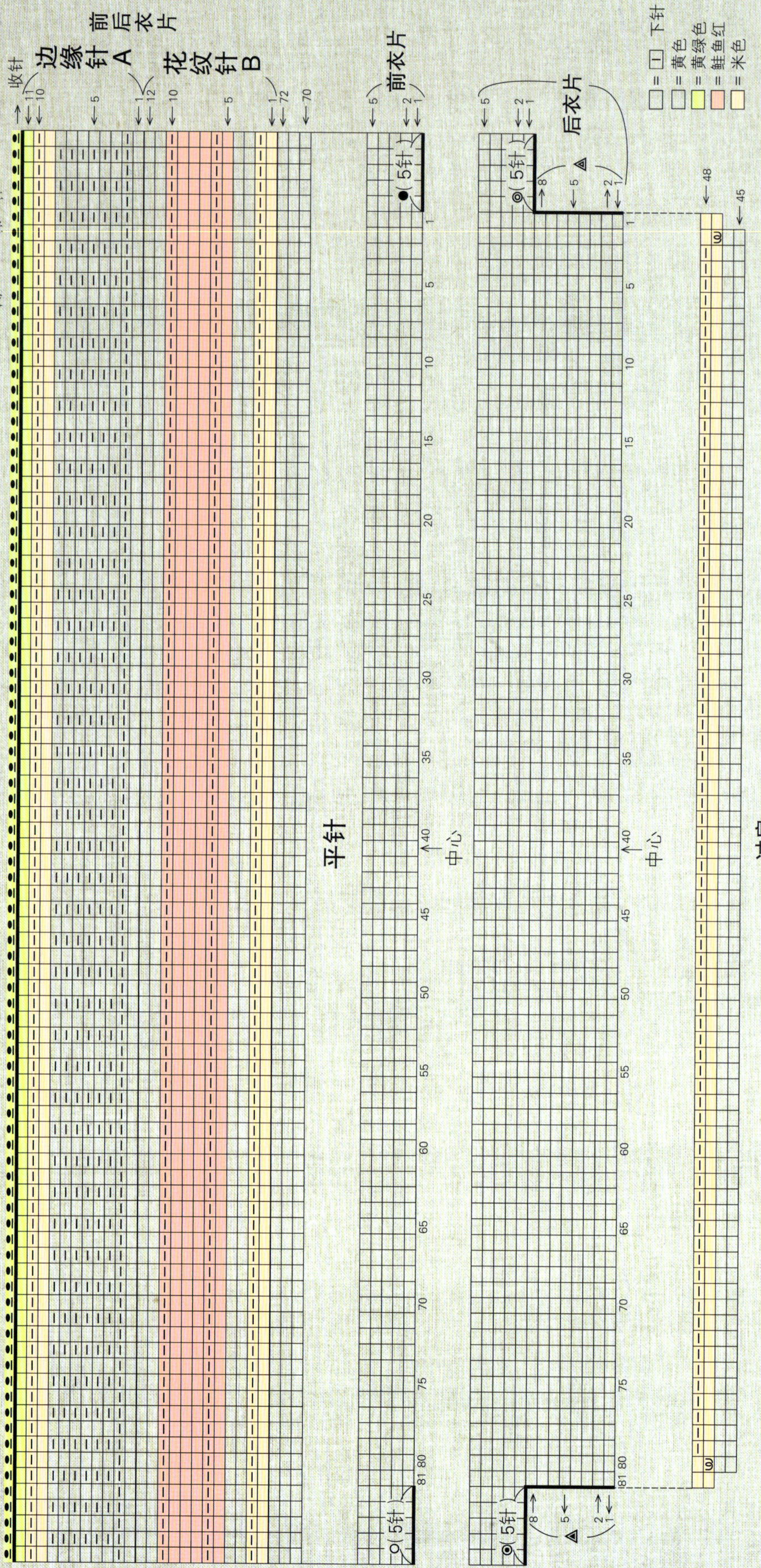

过肩分为衣片和袖子

分开前后衣片及袖子，编织开始处和结束处的切换位置在衣片的后侧。
左右的袖子分别在别线处休针。

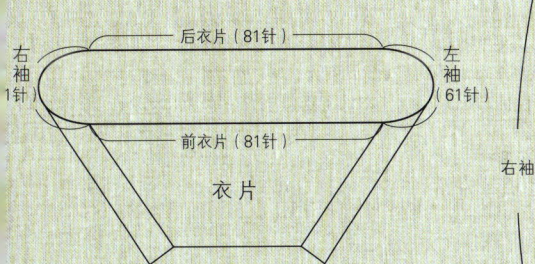

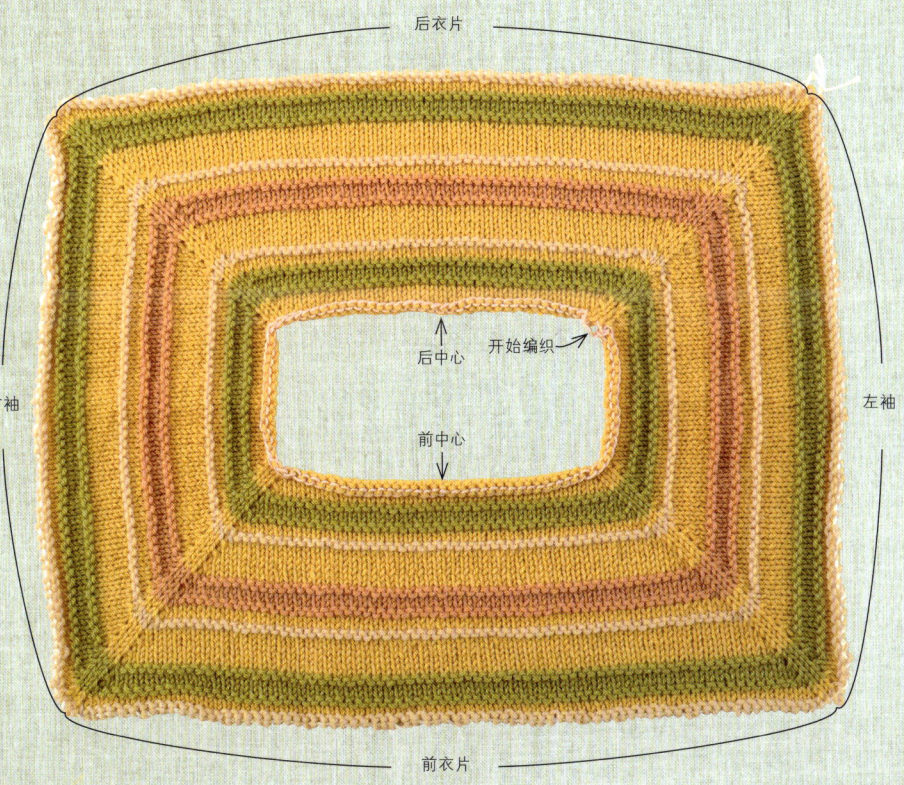

后衣片处编织前后差

过肩的编织结束处成为后衣片的编织开始处，所以从过肩接线编织。
过肩的花纹针和衣片的平针，两处的织片密度相同，所以无加减针平整编织 8 行前后差。
编织结束处不断线接着编织衣片。

前后衣片处制作拼叉袖山

准备 2 个别线编织 10 针的锁针。在衣片的两侧从别线锁针挑出拼叉袖山部分，将前后侧编织成环状。

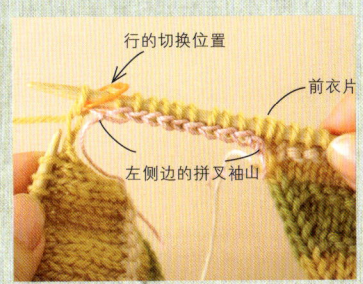

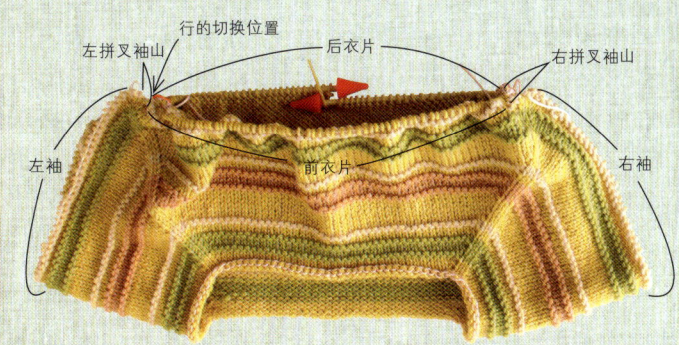

1. 接着后衣片的前后差，继续编织衣片的第 1 行，并从准备好的别线锁针挑起右侧边的拼叉袖山。

2. 前衣片编织完成后，左侧的拼叉袖山制作挑针，并将针数环放入编织开始处和结束处的行的切换位置，作为 1 行结束处的记号。

衣片挑起成环状。
连接前后，整圈环状编织至下摆。

Lesson 3
编织袖子

将暂时休针的过肩的袖子移动至棒针。衣片的拼叉袖山同样松开别线锁针,并挑起针圈。线连接于衣片的侧边,从拼叉袖山、过肩的袖子部分、前后差的行开始挑起针圈,编织成环状。
侧边的拼叉袖山的正中间为袖下。袖下送入针数环,在其两侧减针。
袖口处为边缘针A。编织结束处调换织片的面,并改变编织方向,最后收针时上针出现于正面。

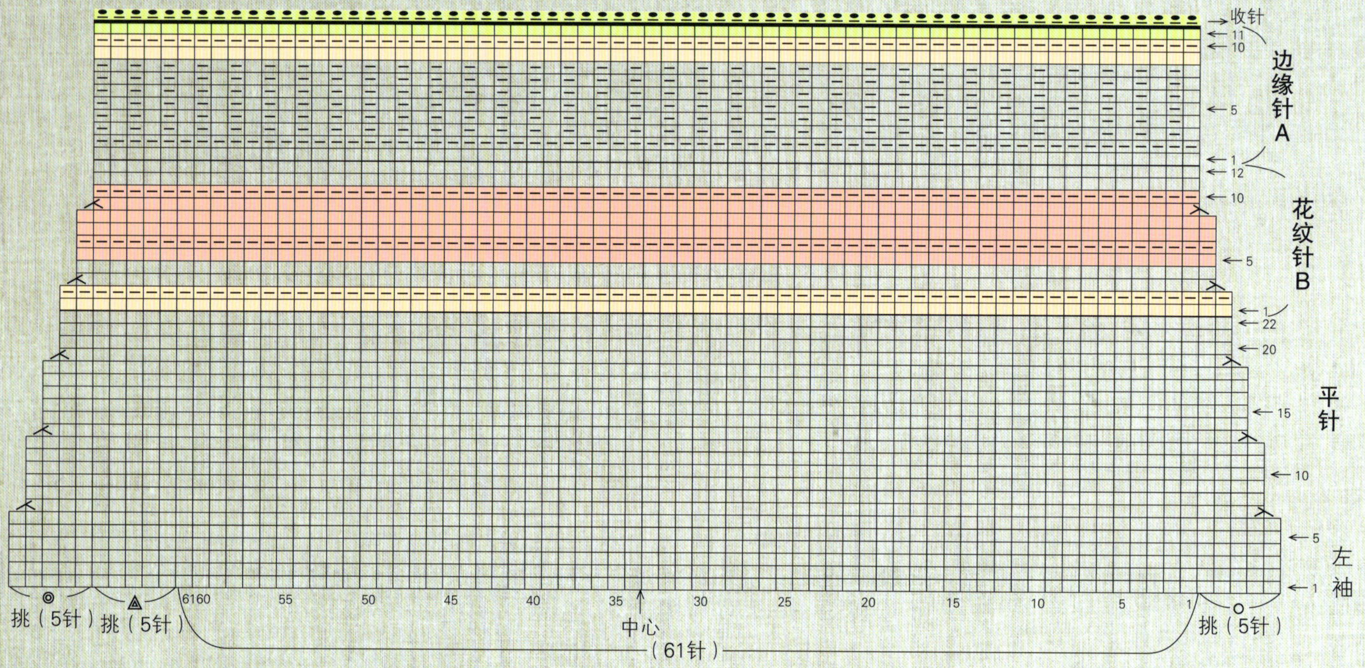

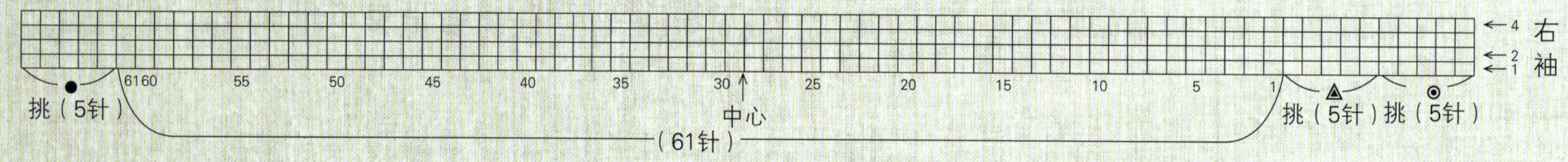

□ = 下针　　□ = 黄
□ = 黄绿　　□ = 鲑鱼红
□ = 米色

从拼叉袖山·前后差开始挑针

将休针的过肩的袖子移至棒针,从拼叉袖山和前后差开始挑针,编织环状至袖口。
前后差部分添加至后衣片侧的袖宽。

左袖…线连接于袖下→前侧边的拼叉袖山→袖过肩→前后差→后侧边的拼叉袖山

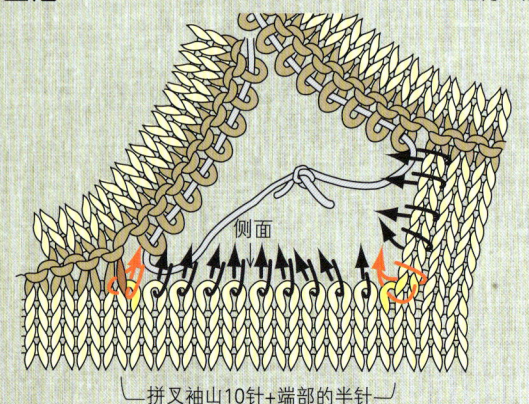

拼叉袖山10针+端部的半针
← 2针一起编织

将针送入侧边的拼叉袖山部分,松开锁针的起针。拼叉袖山的10针挑起沉降弧,挑起11针(含两端的半针)。拼叉袖山在其上分为前后侧,但沉降弧的半针重合衣片的前后差编织。

左袖的1行编织成环状。
针数环送入袖下的编织开始处和结束处的行的切换位置,作为记号。

右袖…线连接于袖下→后侧边的拼叉袖山→前后差→袖过肩→前侧边的拼叉袖山

袖下的减针

右袖的 1 行编织成环状。
针数环送入袖下的编织开始处和结束处的行的切换位置，作为记号。

袖子的减针在编织结束处和开始处的切换位置固定针数环的两侧进行。
袖下中心的 2 针连续减针是关键。（参照 19 页）

Lesson 4
编织领子

边松开过肩处起针的锁针边挑起针圈，通过边缘针 B 将领子编织成环状。
编织结束处调换织片的面，并改变编织方向，最后收针时上针出现于正面。

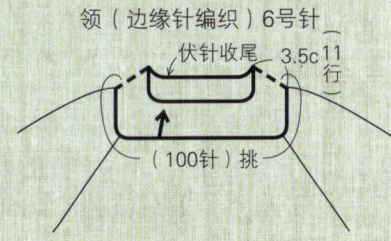

领子的挑针

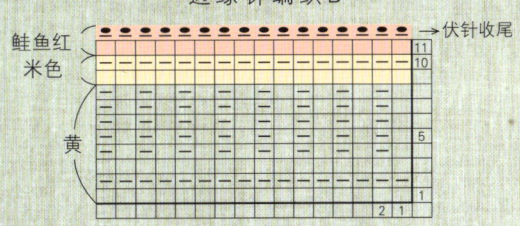

1. 边松开别线锁针边挑针。针圈正确挂线送针。

2. 领子的针圈挑针完成。针数环送入编织开始处和结束处的切换位置。连接编织开始的线，过肩的线头重合于第 1 行编织。

彩色图案毛衣
Lopi sweater

圆过肩设计为特征的冰岛传统针织物,同样也从领口开始编织。
鱼骨和钻石的图案搭配,简朴温馨。

肉厚商事 lopi
羊毛 100%
100g 线团（约 100m）
极粗型 棒针 13～15 号
起源于冰岛的彩色图案毛衣。最好使用弹力十足的北欧羊毛制作纯正的彩色图案毛衣。

彩色图案毛衣　…图片见第32页

- **需要准备的物品**　线…内藤商事　lopi　米色（86）460g=5团、亮褐色（53）80g=1团、深褐色（52）60g=1团　针…棒针14号、12号
- **成品尺寸**　胸围96cm、衣长57cm、袖长72cm
- **织片密度**　10cm见方的平针·编入花纹　12.5针×17行
- **编织方法要点**　过肩…领窝位置制作别线锁针的起针，并在图中位置边卷针加针边编织成环状。将过肩分为袖子和衣片，袖子制作休针。衣片…过肩的后衣片位置来回针编织前后差。衣片的侧边位置别线锁针制作拼叉袖山，前后侧编织成环状至下摆。袖子…将休针的过肩的袖子、前后差、拼叉袖山的别线锁针松开，并进行挑针，编织环状至袖口。松开袖口的1行周围的起针，并进行挑针，用单罗纹针编织成环状。编织结束处对齐上一行的针圈，缓缓收针。

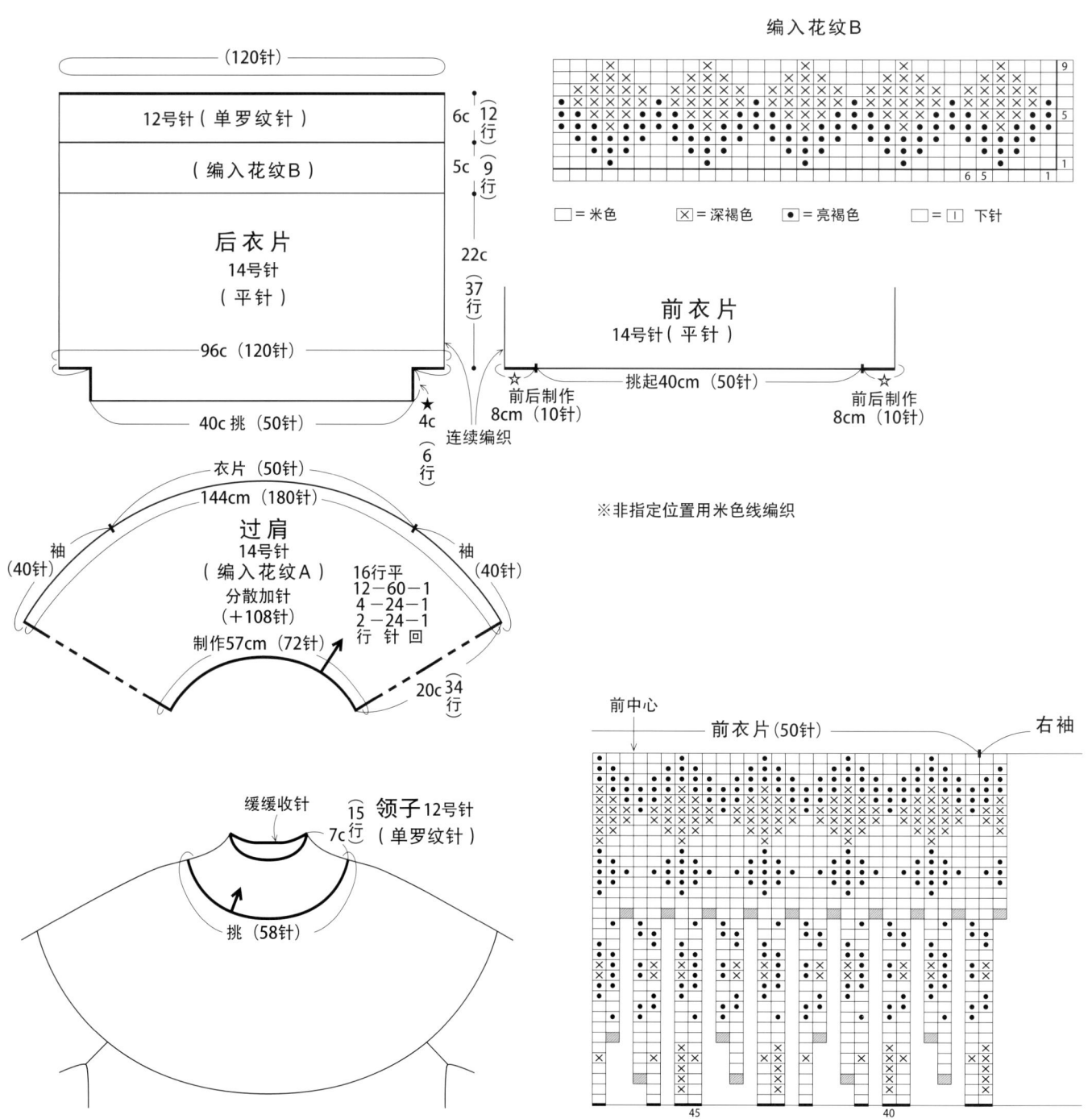

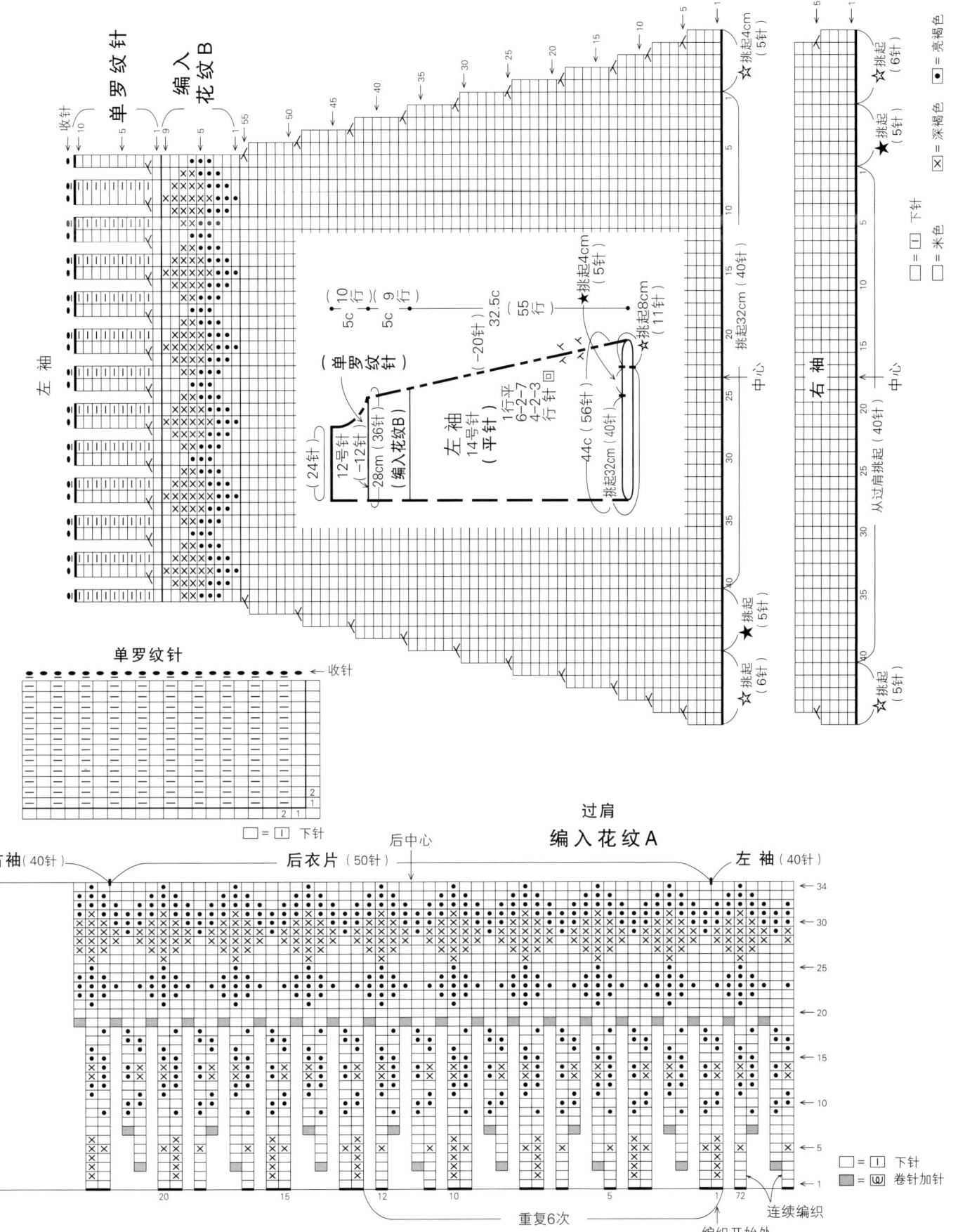

彩色图案开衫

通过单一配色,将第32页的过肩改造成开衫。
过肩的颜色和衣片的颜色异色搭配,表现出不同风格。

彩色图案披肩

通过单一配色,将第32页的过肩改造成披肩。
过肩处连接平针的简单改款设计。

彩色图案开衫 …图片见第 36 页

- ●需要准备的物品　线…内藤商事　lopi　木炭灰（58）410g=5团，亮蓝色（54）120g=2团，黑色（59）70g=1团　针…棒针14号、12号　其他…直径1.9cm纽扣6个
- ●成品尺寸　胸围98.5cm、衣长53.5cm、袖长72cm
- ●织片密度　10cm见方的平针・编入花纹 12.5针×17行
- ●编织方法要点　过肩…领窝处别线锁针的起针，并在图中位置边加针。衣片…过肩的后衣片位置编织前后差。衣片的侧边位置制作拼叉袖山，连接前后侧编织至下摆。袖子…将休针的过肩的袖子、前后差、拼叉袖山的别线锁针松开，并进行挑针，编织环状至袖口。前开襟・领子…从衣片的前端挑起针圈，编织前开襟。右前开襟位置制作扣眼。松开领窝的起针，并进行挑针，编织领子。编织结束处收针，左前开襟位置固定纽扣。

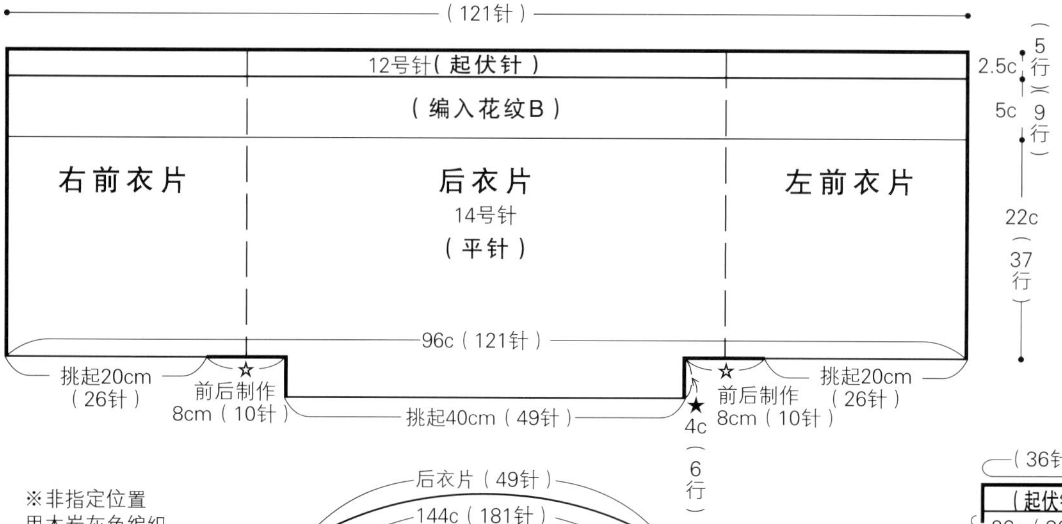

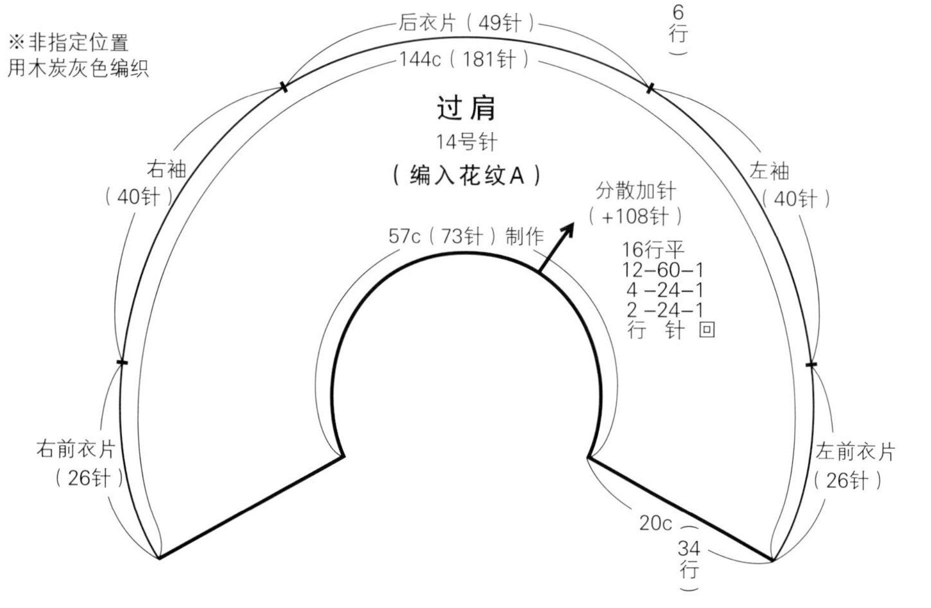

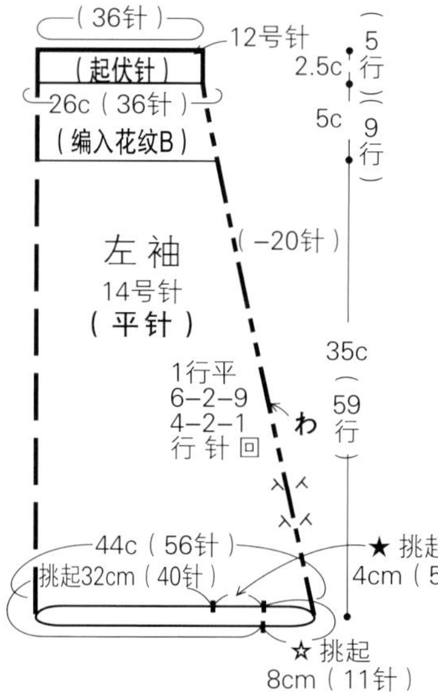

※ 过肩・领子・前开襟的编织方法参照72页

编入花纹B

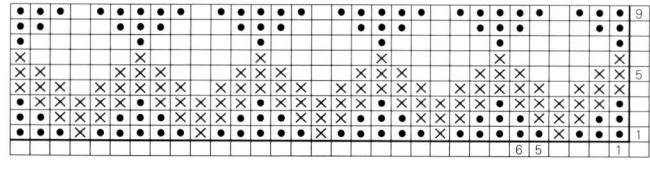

□ = ① 下针　■ = 亮蓝色　✕ = 黑色　● = 木炭灰

彩色图案披肩 … 图片见第37页

- ●需要准备的物品　线…内藤商事 lopi 原色(51) 325g=4团、灰褐色(85) 70g=1团、褐色(867) 30g=1团　针…棒针14号、12号
- ●成品尺寸　衣长 34.5cm
- ●织片密度　10cm 见方的平针·编入花纹 12.5针×17行
- ●编织方法要点　披肩…领窝处别线锁针的起针，参照图示编织成环状至下摆。领子…松开领窝的起针，并进行挑针，第1行卷针加针，双罗纹针编织成环状。编织结束处对齐上一行的针圈，缓缓收针。

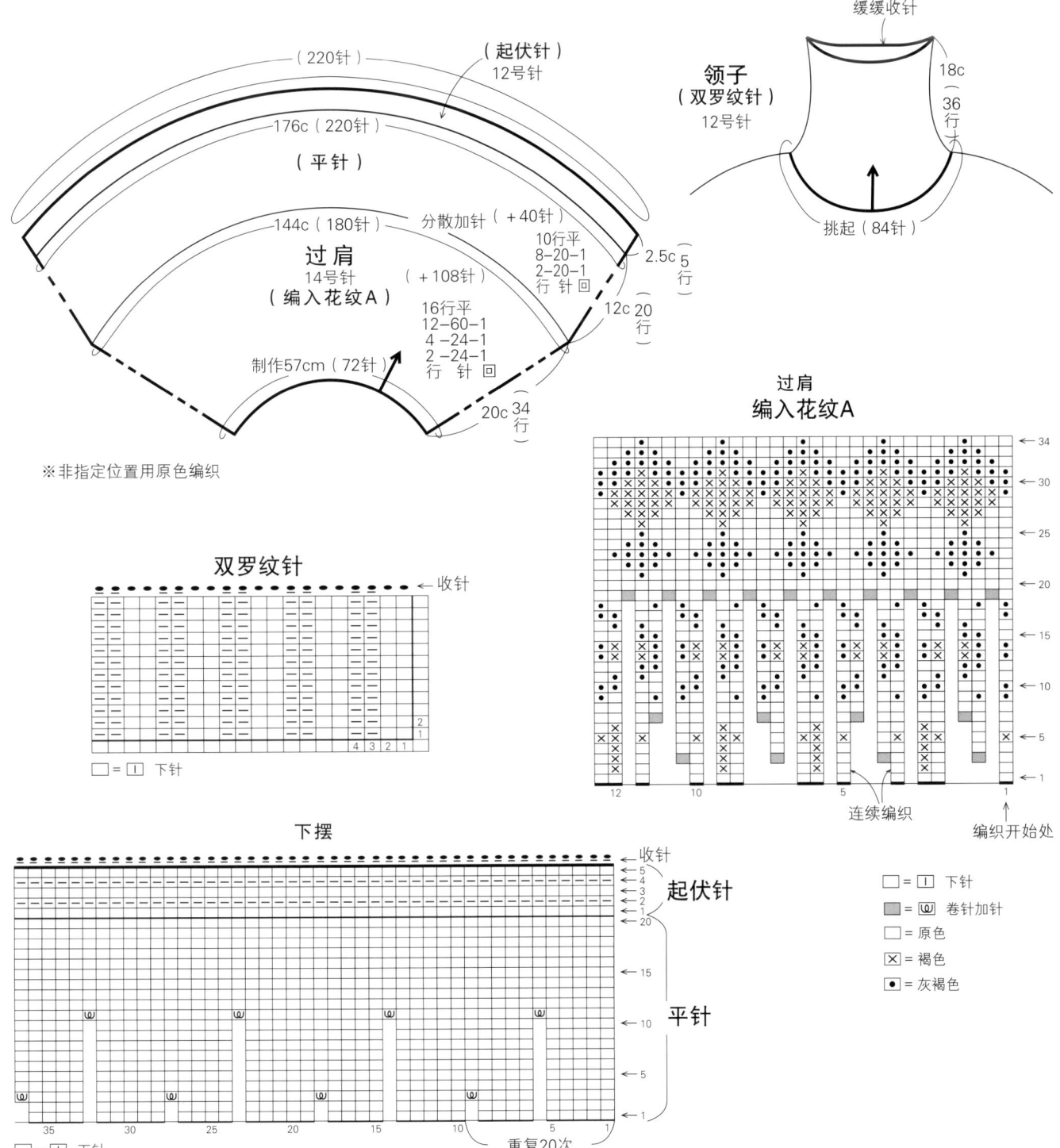

阿兰图案的圆过肩毛衣
Aran sweater

从阿兰岛传播开来的渔夫毛衣及阿兰图案,将其用作过肩的图案。
钻石图案和泡泡图案组合搭配而成的圆过肩,使手工品更加温馨。

设计…河合真弓 制作…MIYUKI 编织方法…42页

Puppy pupbritisheroica
羊毛100%（英国羊毛50%以上）
50g 线团（约83m）
极粗型 棒针8～10号
单纯利用英国羊毛特色的直纱。素材特有的弹性及张力，表现出轻柔、温润、优雅的个性。

阿兰图案的圆过肩毛衣 …图片见第40页

- **需要准备的物品** 线…Puppy pupbritisheroica 蓝绿色(188) 470g=10团 针…棒针9号
- **成品尺寸** 胸围90cm，衣长53cm，袖长73.5cm
- **织片密度** 10cm见方的平针 17针×22行，花纹针A 19.5针×24行

- **编织方法要点** 下摆、袖口、领子的编织结束处分别对齐上一行的针圈，进行收针。过肩…领窝处别线锁针的起针，并在图中位置边加针边编织。将过肩分为袖子和衣片，袖子制作休针。衣片…过肩的后衣片位置来回针编织前后差。衣片的侧边位置别线锁针制作拼叉袖山，前后侧编织成环状至下摆。袖子…从休针的过肩的袖子、前后差、拼叉袖山开始挑针，前后侧编织环状至袖口。领子…松开领窝的起针，并进行挑针，用双罗纹针编织成环状。

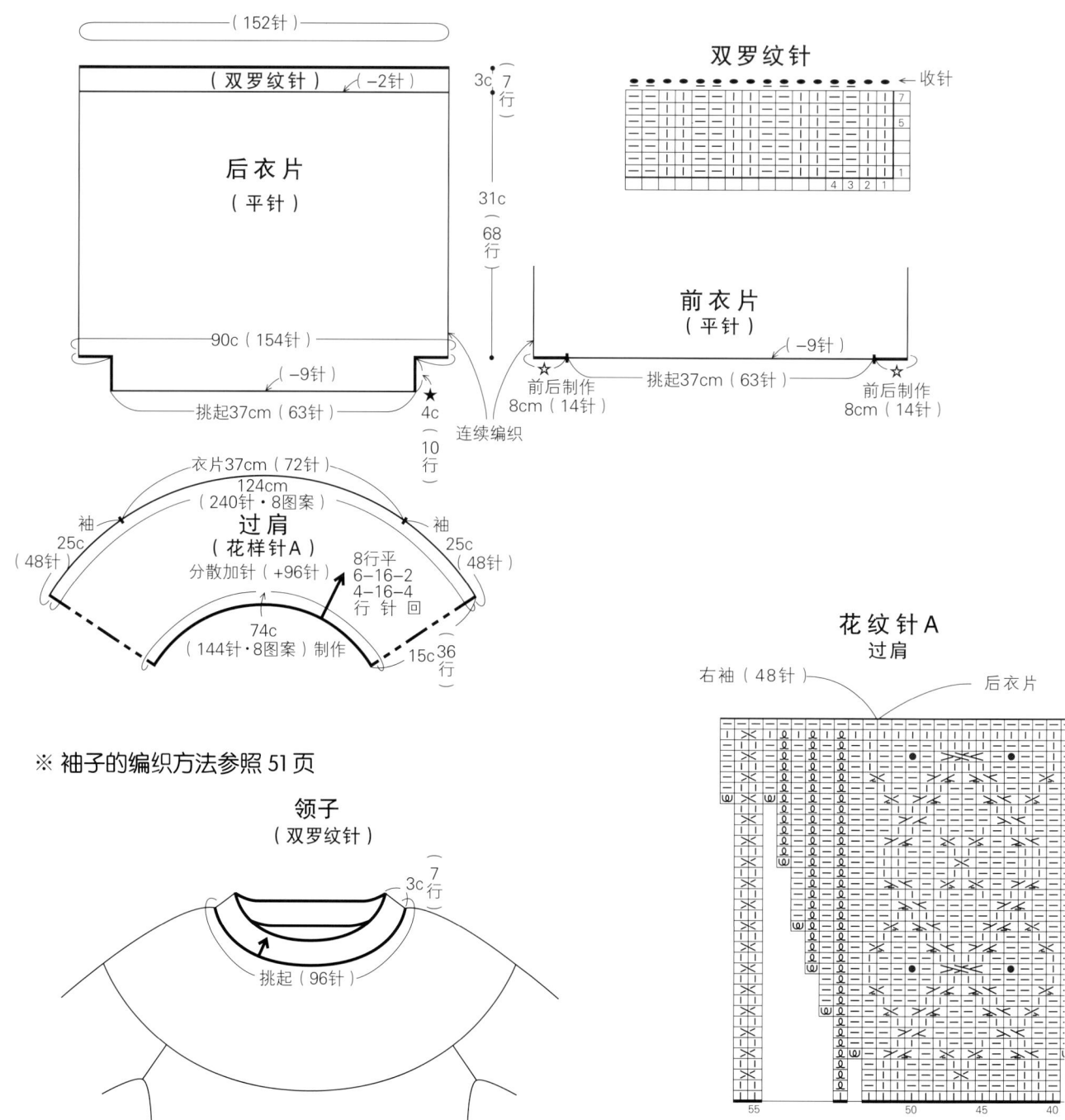

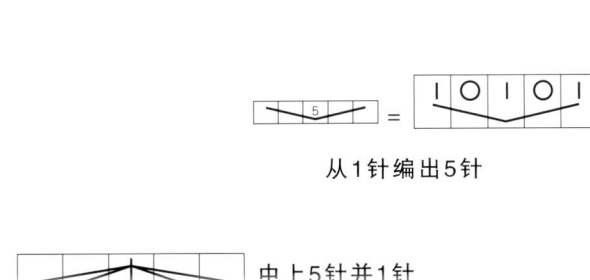

从1针编出5针

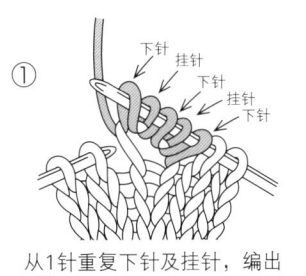

从1针重复下针及挂针，编出5针。

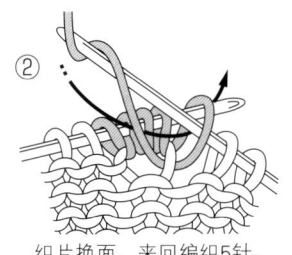

织片换面，来回编织5针。

中上5针并1针

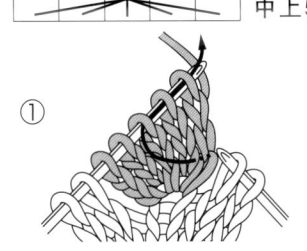

如箭头所示，针送入3针，不编织移动至右针。

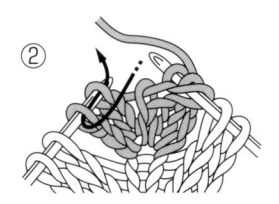

剩下的2针如箭头所示2针一并编织。

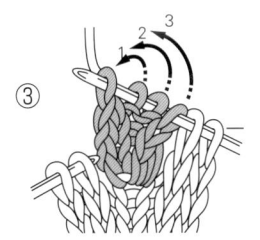

如箭头所示，逐针盖住步骤②编织的针圈并从步骤①移动来的3针。

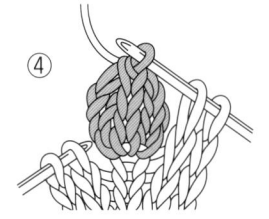

中上5针并1针完成，中央的针圈连续状态。

后衣片的减针和拼叉袖山　※前衣片的减针位置同后衣片一致

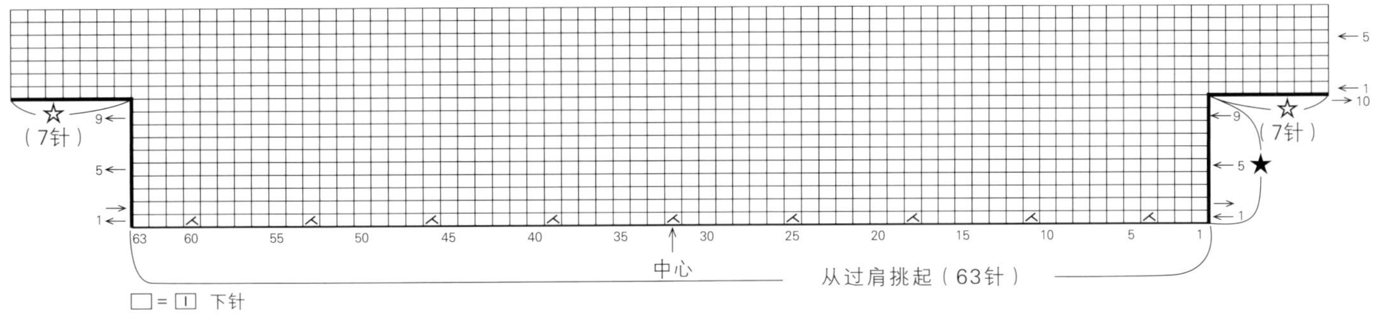

花纹针A
过肩

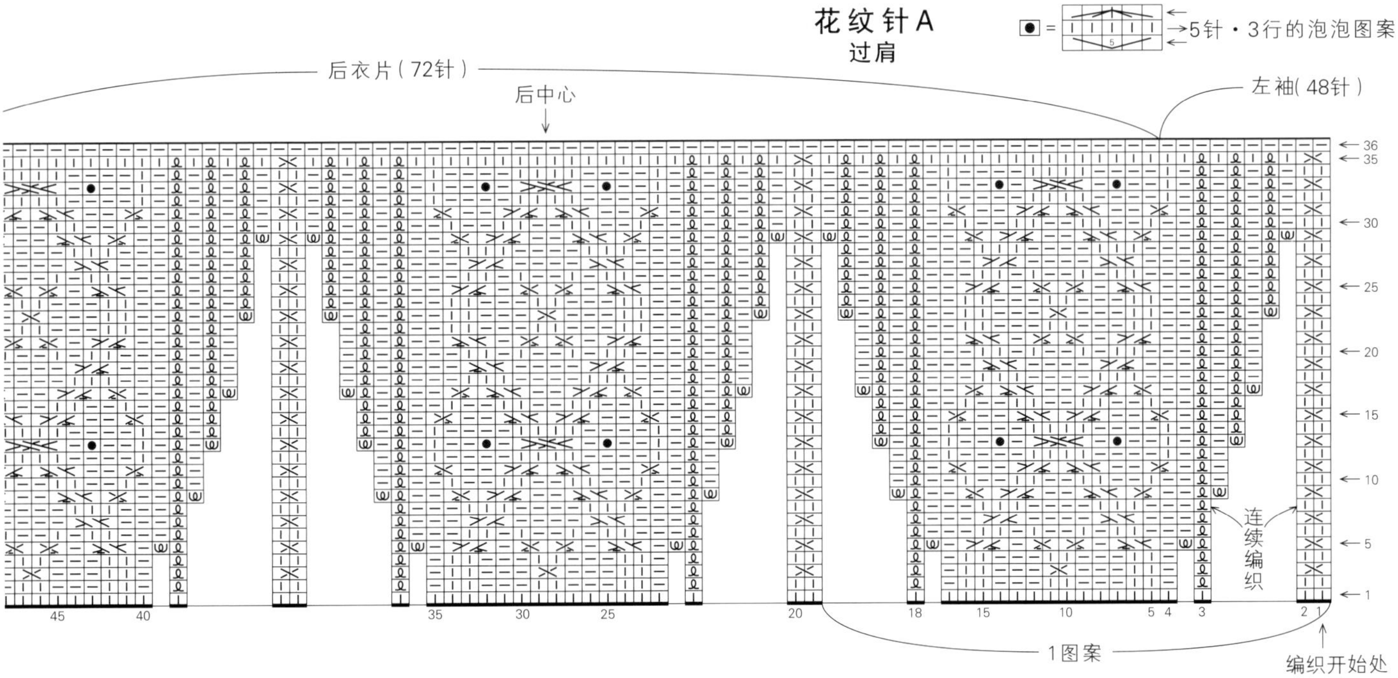

● = 5针·3行的泡泡图案

阿兰图案的圆过肩束身衣

将40页的过肩改造成连肩袖式样的束身衣。
中央的钻石图案连续编织到下摆。

设计…河合真弓　制作…MIYUKI　编织方法…46页

阿兰图案的披肩

将40页的过肩改造的前开襟式样的披肩。
优雅的紫色适合搭配任何衣服。

设计…河合真弓　制作…关谷幸子　编织方法…47页

阿兰图案的圆过肩束身衣 …图片见第44页

- ●需要准备的物品　线…Puppy pupbritisheroica　米色(143) 420g=9团
  针…棒针9号、钩针8/0号
- ●成品尺寸　胸围90cm、衣长61.5cm、袖长30cm
- ●织片密度　10cm见方的平针 17针×22行、花纹针A 19.5针×24行
- ●编织方法要点　下摆、袖口、领子的编织结束处分别用钩针从背面引拔收针。

过肩…领窝位置制作别线锁针的起针，并在图中位置边加针边编织。将过肩分为袖子和衣片，袖子制作休针。衣片…过肩的后衣片位置来回针编织前后差。衣片的侧边位置别线锁针制作拼叉袖山，前后侧编织成环状至下摆。但前衣片的中央位置连接过肩开始的图案。衣片的侧边收紧上一行的过线，制作扭转加针。袖口…从休针的过肩的袖子、前后差、拼叉袖山开始挑针，起伏针编织成环状。领子…松开领窝的起针，并进行挑针，用起伏针编织成环状。

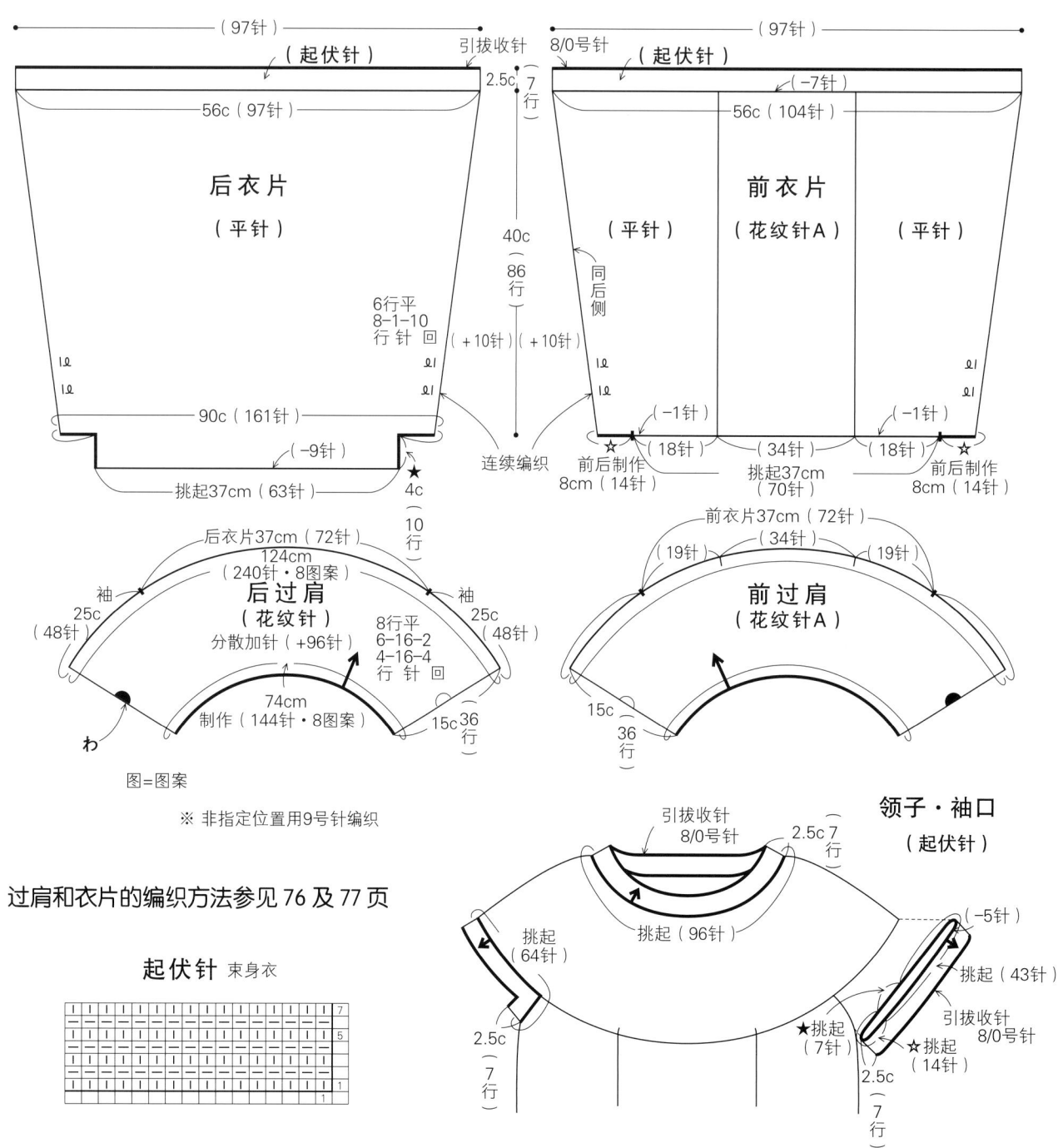

* 过肩和衣片的编织方法参见76及77页

阿兰图案的圆过肩披肩 …图片见第45页

- ●需要准备的物品　线…Puppy pupbritisheroica 紫色(183) 255g=6团　针…棒针9号　其他…直径2.5cm 纽扣2个
- ●成品尺寸　胸围90cm, 衣长61.5cm, 袖长30cm
- ●织片密度　10cm见方的平针 17针×22行、花纹针A 19.5针×24行

●编织方法要点　下摆、领子、前开襟别用对齐上一行的针圈, 并收针。披肩…领窝位置制作别线锁针的起针, 花纹针A编织过肩, 接着用花纹针B无加减针编织至下摆。下摆为扭转单罗纹针。领子·前开襟…松开领窝的起针, 并挑针, 再用扭转单罗纹针编织领子。从衣片的前端挑起针圈, 编织前开襟。右前开襟位置制作扣眼, 左前开襟固定纽扣。

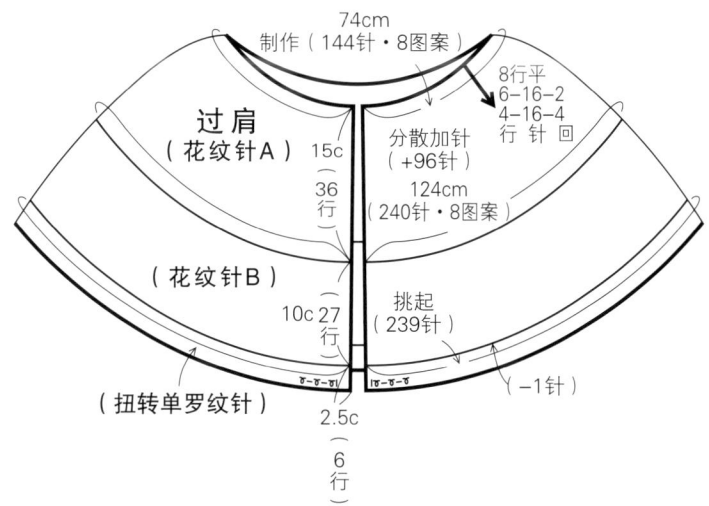

＊ 过肩的编织方法参照76页

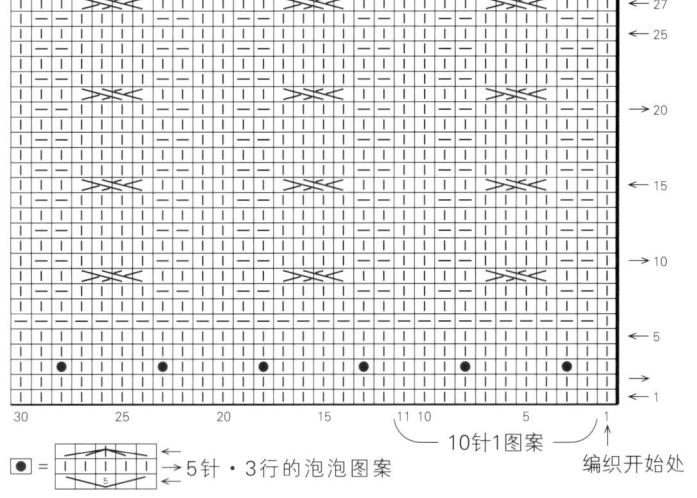

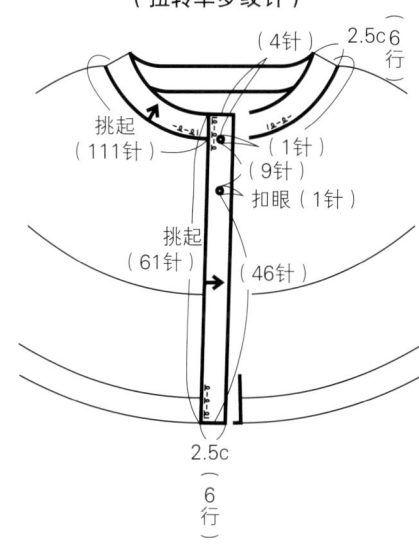

前开襟（扣眼）

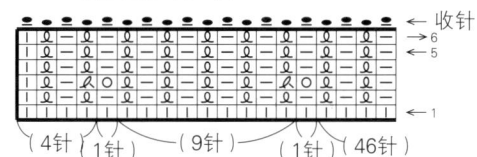

扭转单罗纹针

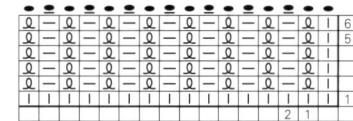

扭转针的左上2针并1针

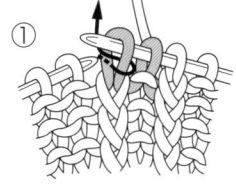

① 不编织移动2针至右棒针, 如箭头所示送入棒针, 并移动至左针。

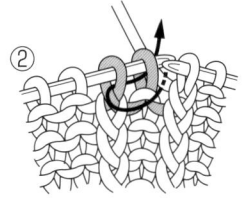

② 第1针也移动至左针, 如箭头所示从2针的左侧一并送入钩针。

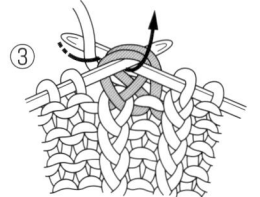

③ 挂线引出, 2针一并编织成下针。

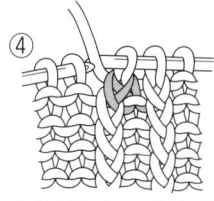

④ 扭转针的左上2针并1针制作完成。

阿兰图案的插肩式毛衣
Aran sweater

素雅的原色毛衣,立体感的织片呈现出气质美感。
后衣片侧也精心设计了优美的图案。

设计…河合真弓　制作…远藤阳子　编织方法…50页

阿兰图案的插肩式毛衣 …图片见第48页

- ●**需要准备的物品** 线…hamanaka sonomono 羊驼毛 原色(41) 580g=15团 针…棒针10号、9号
- ●**成品尺寸** 胸围90cm，衣长60cm，袖长74cm
- ●**织片密度** 10cm见方的平针 16针×20行
- ●**编织方法要点** 下摆、袖口、领子的编织结束处对齐上一行的针圈，并收针。

过肩…领窝位置制作别线锁针的起针，并在插肩线的两侧边卷针加针边编织成环状。将过肩分为袖子和衣片，袖子制作休针。衣片…过肩的后衣片位置编织前后差。衣片的侧边位置制作拼叉袖山，前后侧编织成环状至下摆。此时，前后差部分，衣片的图案在前后侧错位，请注意。袖子…从休针的过肩的袖子、前后差、拼叉袖山开始挑针，前后侧编织环状至袖口。领子…松开领窝的起针，并进行挑针，用花纹针C编织成环状。

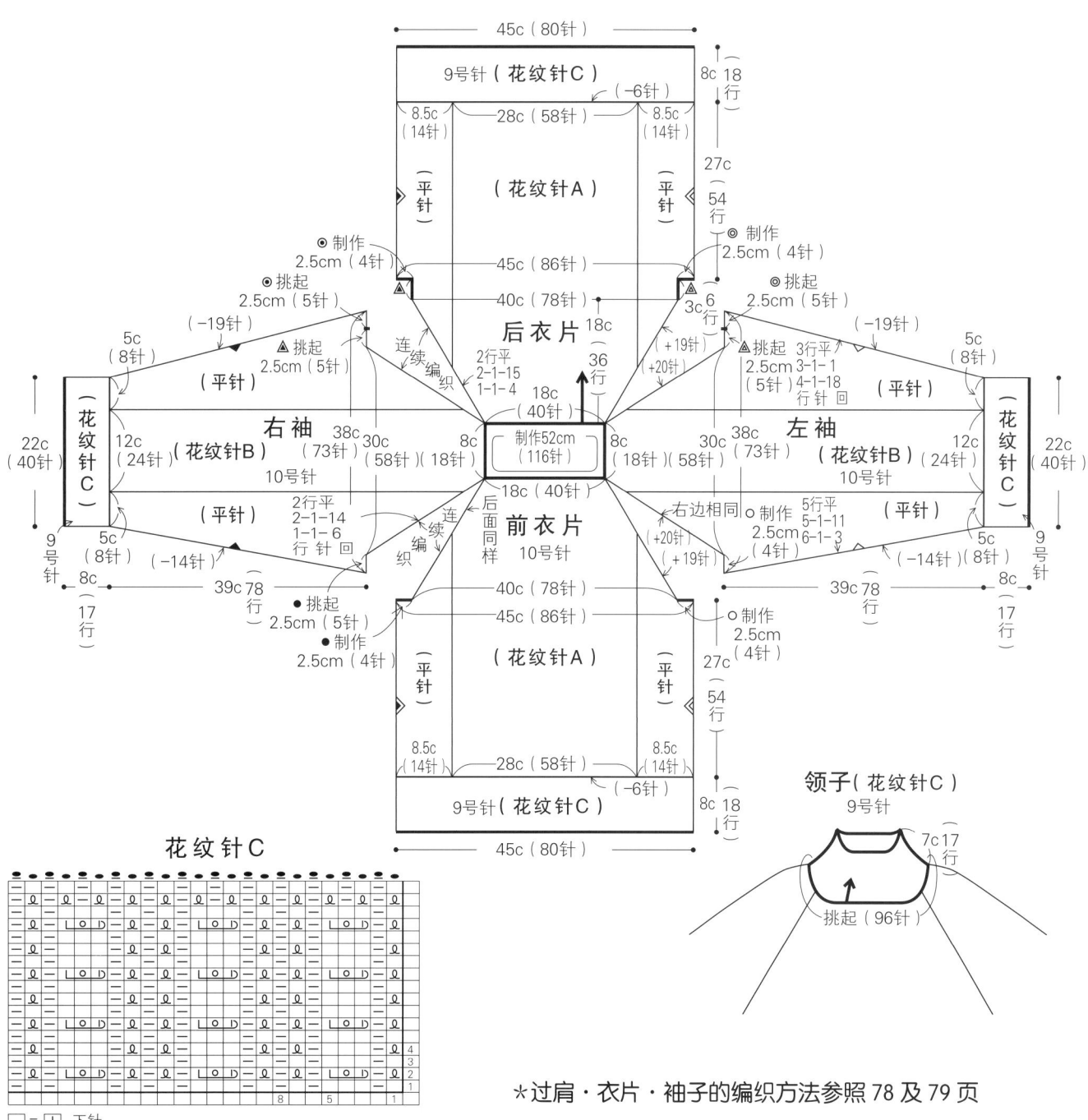

*过肩・衣片・袖子的编织方法参照78及79页

＊ 阿兰图案的圆过肩毛衣的后续部分

如图中所示，将1及2移动至其他针，在织片的背面休针，先编织3及4。

休针的1及2编织完成。

如图中所示，将1及2移动至其他针，在织片的近身侧休针，先编织3及4。

休针的1及2编织完成。

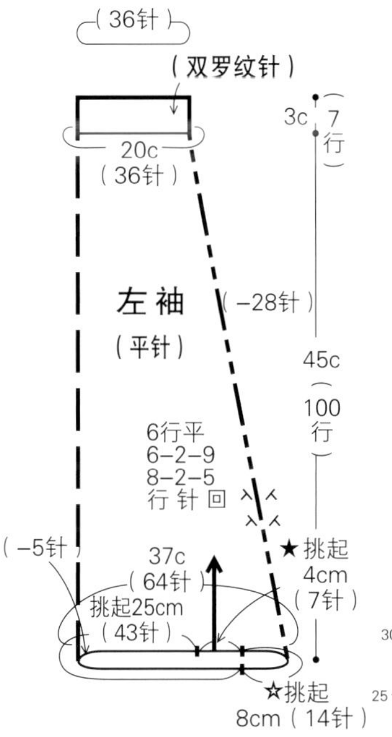

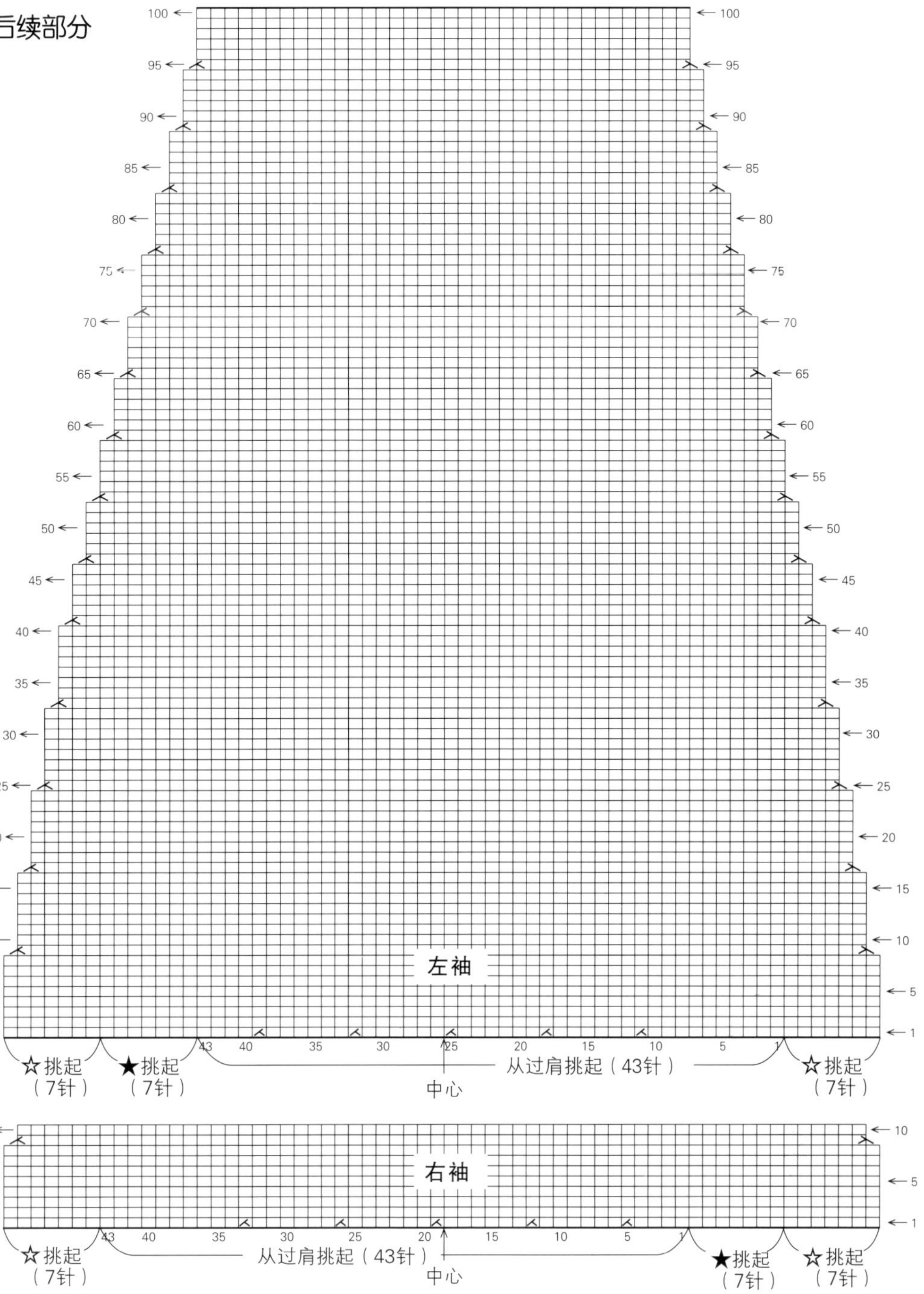

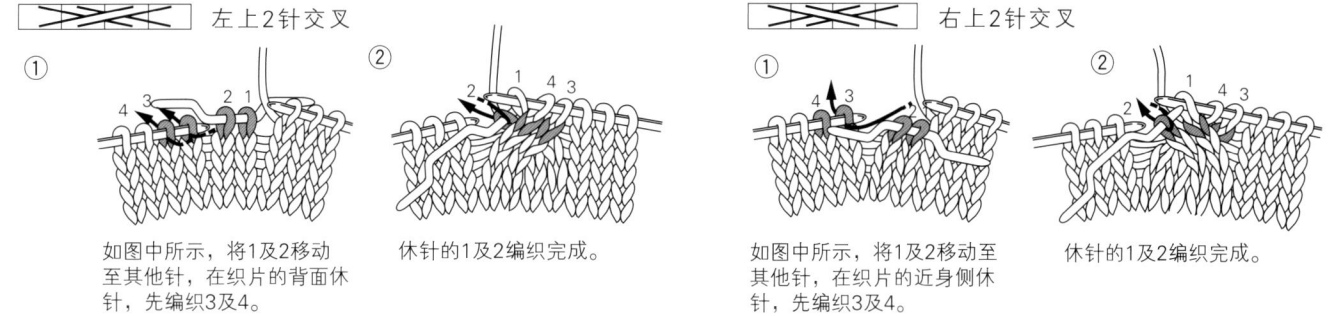

编入费尔岛彩色图案的毛衣
Fair Isle sweater

费尔岛图案美感独特,"自然色调"编入图案配色而成的圆过肩毛衣。
由大受欢迎的雪花和生命树的图案构成。

设计…风工房 编织方法…54页

Puppy queenanny
羊毛 100%
50g 线团(约97m)
中粗型 棒针6～7号
追求柔软质感,编织图案构成优美的效果。造型丰富的鲜艳线条表现出温馨的手编质感。

编入费尔岛彩色图案的毛衣 …图片见第52页

● 需要准备的物品　线…puppy queennanny 米色(955)480g=10团 原色(802) 40g=1团、红褐色(927)、苔绿色(971)、深褐色(831)、驼色(977)、砖红色(818) 各10g=各1团　针…棒针6号、5号、4号

● 成品尺寸　胸围88cm、衣长53.5cm、袖长73cm
● 织片密度　10cm见方的平针24针×32行，编入图案24针×26行
● 编织方法要点　下摆、袖口的编织结束处对齐上一行的针圈，并收针。过肩…手指挂线起针制作成线环，从领子的单罗纹针开始编织。接着在图中的位置边卷针加针边按照编入图案编织34行。最后，将过肩分为袖子和衣片。衣片…过肩的后衣片位置来回编织前后差再次接着衣片和袖子环状编织14行此时，袖子在过肩部分的图中位置卷针加针，前后差也挑起针圈。分开袖子和衣片，袖子制作休针。衣片的侧边位置制作拼叉袖山，前后呈环状编织至下摆。袖子…从休针的过肩的袖子、拼叉袖山开始挑针，环状编织至袖口。

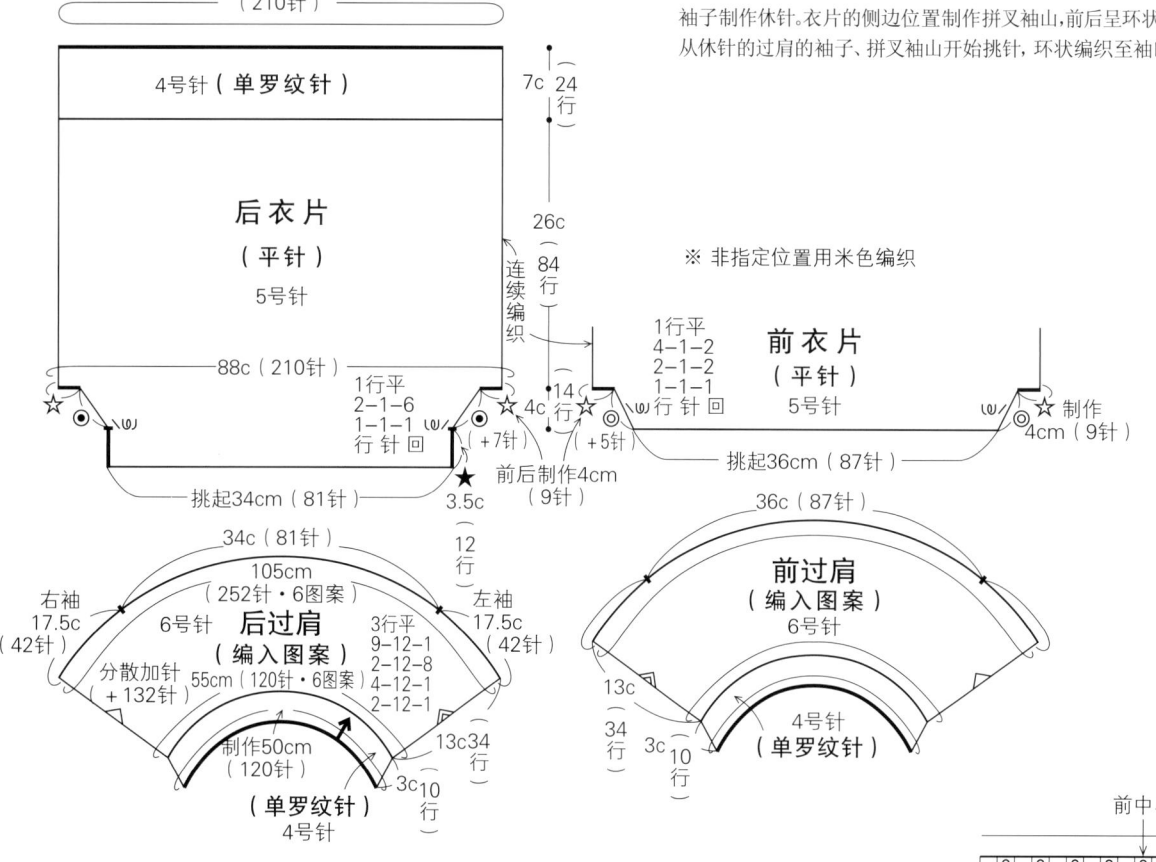

* 袖子的编织方法参照68页

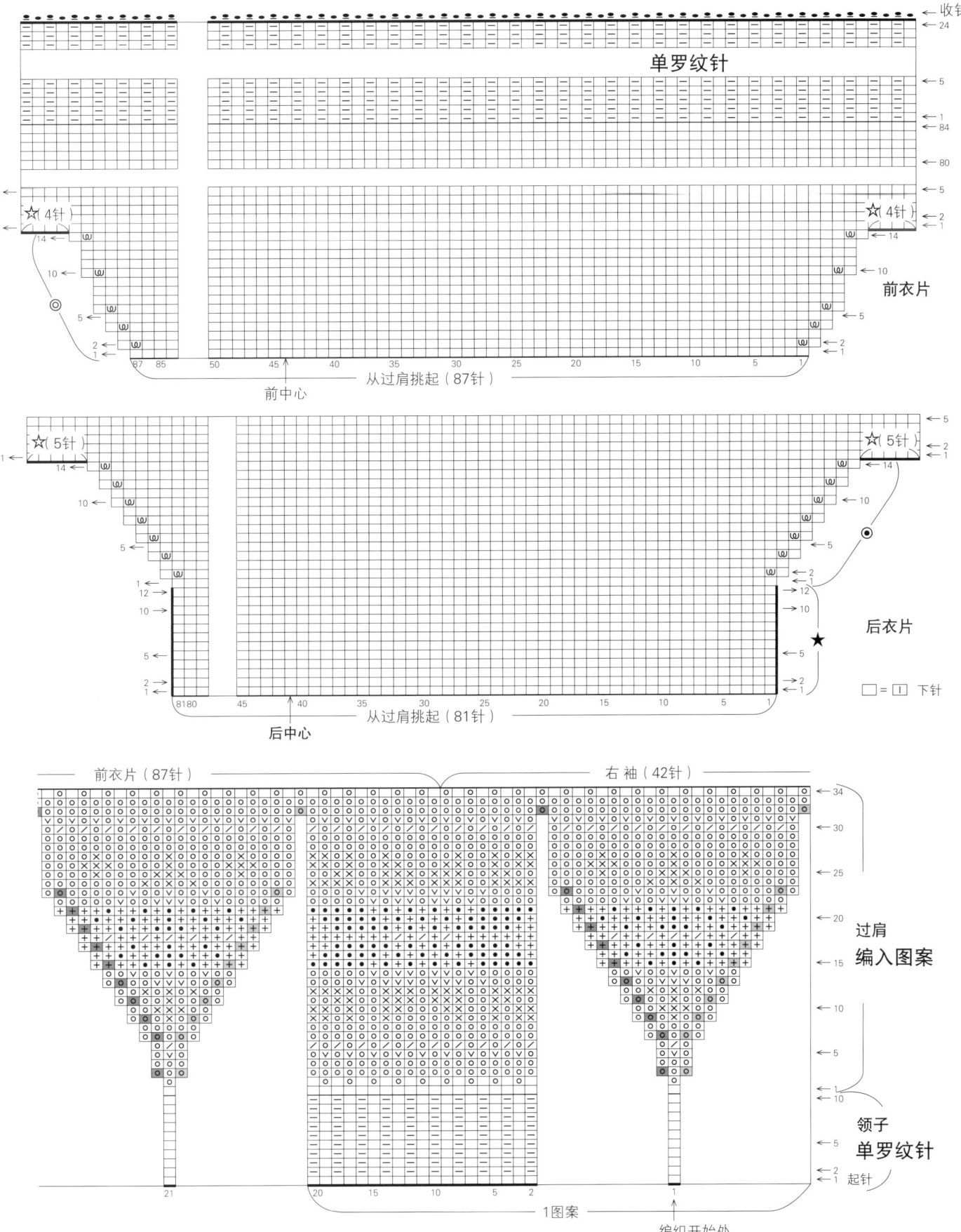

编入费尔岛彩色图案的束身衣

将52页的过肩改造成清爽的蓝绿色束身长衣。
图案鲜明映衬出成熟气质。

设计…风工房　编织方法…58页

编入费尔岛图案的短上衣

52页的过肩重合中心的八星图案,制作成前开式的短上衣。
边缘用钩针处理,袖口收缩成泡泡袖。

设计···风工房　编织方法···59页

编入费尔岛彩色图案的束身衣 …图片见 56 页

- ●需要准备的物品　线…puppy queennanny 蓝灰色(951)380g=8团、原色(802)40g=1团、黄绿色(935)・萌黄色(957)・淡黄色(892)・玫瑰红(877)・孔雀蓝(962)各10g=各1团　针…棒针 6 号、5 号、4 号
- ●成品尺寸　胸围88cm、衣长61cm、袖长28cm
- ●织片密度　10cm见方的平针 24 针×32 行、编入图案 24 针×26 行

●编织方法要点　下摆、袖口的编织结束处对齐上一行的针圈，并制作收针。过肩…手指挂线起针制作成线环，从领子的单罗纹针开始编织。接着，在图中位置边卷针加针边通过编入图案编织34行。将过肩分为袖子和衣片，袖子制作休针。衣片…过肩的后衣片位置编织12行前后差，前后衣片分别加针，同时来回编织14行。侧边位置制作拼叉袖山接着前后侧编织成环状至下摆。袖口…从休针的过肩的袖子、前后差、拼叉袖山开始挑针，单罗纹针编织成环状。

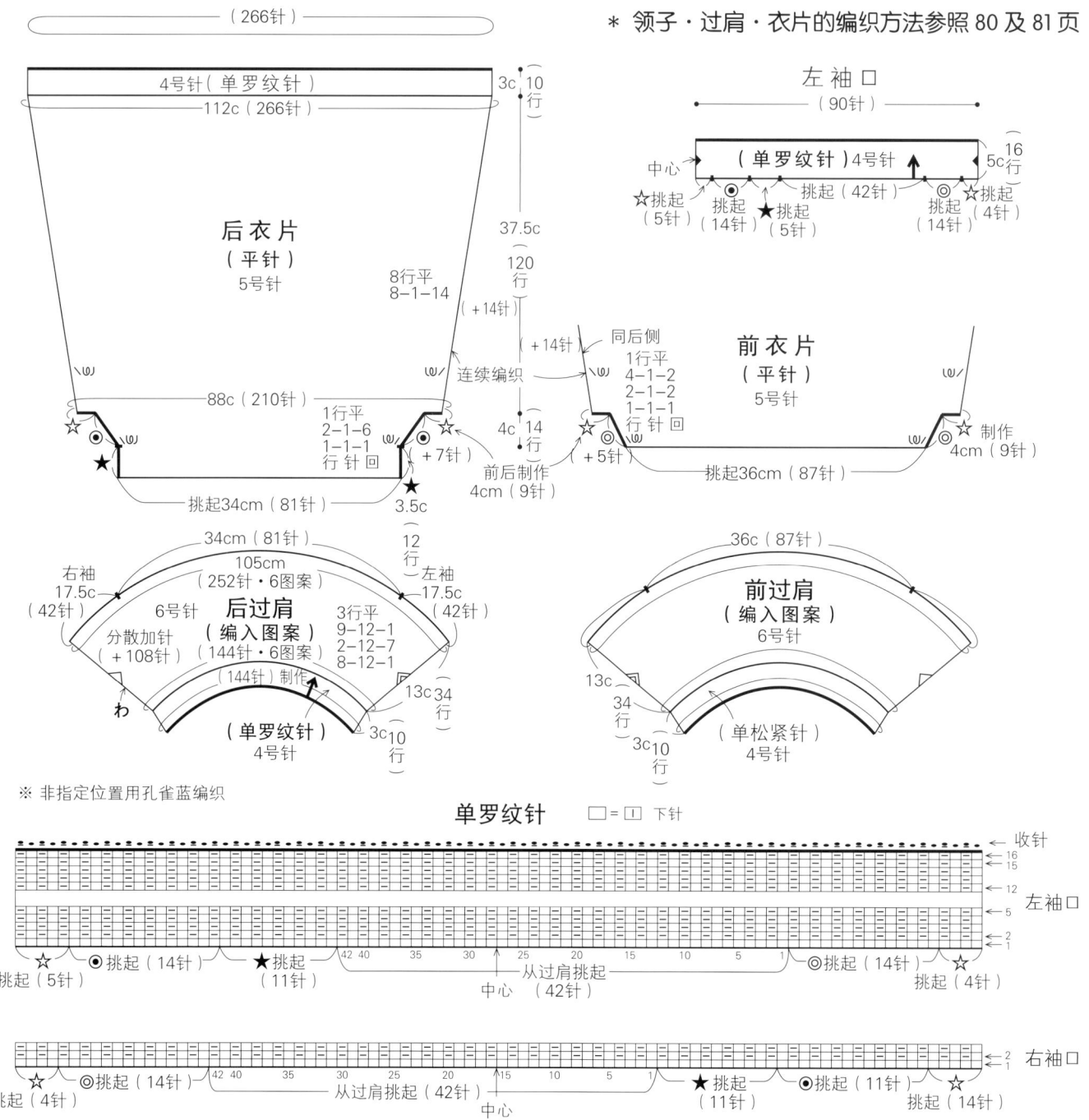

编入费尔岛彩色图案的短上衣 …图片见57页

- **需要准备的物品** 线…puppy queenanny 栗色(817)40g=7团,原色(802) 40g=1团、玫瑰红(897)15g=1团、孔雀蓝(962)·橙红色(900)·驼色(977)·米色(955)各10g=各1团 针…棒针6号、5号,钩针4/0号
- **成品尺寸** 胸围88cm,衣长46.5cm,袖长46cm
- **织片密度** 10cm见方的平针24针×32行,编入图案24针×26行
- **编织方法要点** 过肩…手指挂线起针制作成线环,从领子的起伏针开始编织。接着,在图中位置边卷针加针边通过编入图案编织34行。衣片…过肩的后衣片位置来回针编织前后差。再次接着衣片和袖子编织14行。袖子也从前后差挑起针圈。过肩分为袖子和衣片,袖子部分制作休针。衣片的侧边位置制作拼叉袖山,接着前后侧编织至下摆。袖子…从休针的过肩的袖子、拼叉袖山开始编织,编织成形状。袖下的中心2针的两侧加针编织48行,起伏针的第1行减针。领子·前开襟·下摆·袖口…前开襟从衣片的前端挑起针圈,起伏针挑针后收针。下摆·前开襟·领子继续编织2行边缘针成环状。最后,袖口编织2行边缘针成环状。

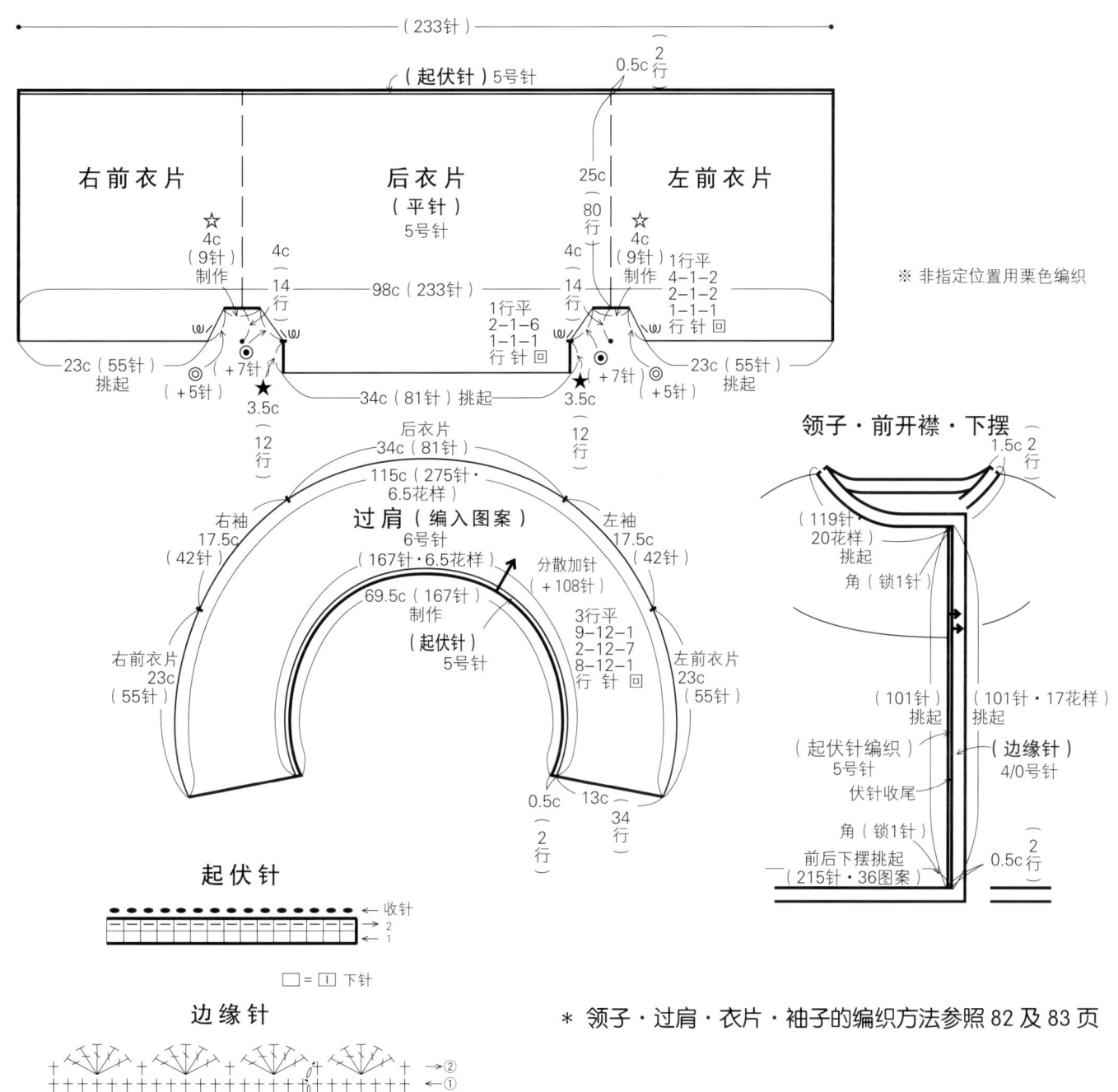

※ 非指定位置用栗色编织

* 领子·过肩·衣片·袖子的编织方法参照82及83页

北欧图案的插肩式毛衣
Nordic sweater

挪威的传统针法风格，制作成北欧图案的短袖毛衣。
插肩式过肩扩展出充裕的衣宽，不需要拼叉袖山。

设计…冈本启子　制作…中川好子　编织方法…62页

北欧图案的插肩式毛衣 …图片见第60页

- ●需要准备的物品　线…钻石毛线　钻石级美利奴　深蓝色(725)170g=5团、蓝绿色(711)・深绿(740)　各30g=各1团　胭脂红(718)・抹茶色(712)各10g=各1团　针…棒针7号、6号、3号，钩针2/0号
- ●成品尺寸　胸围90cm、衣长57cm、袖长29cm
- ●织片密度　10cm见方的平针23针×32行，编入图案26针×28.5行

- ●编织方法要点　下摆、袖口、领子的编织结束处分别用钩针编织边缘针。过肩…领窝位置制作别线锁针的起针，在插肩位置边卷针加针边扩大编织成环状。将过肩分为袖子和衣片，袖子制作休针。衣片…过肩的后衣片位置来回针编织前后差。前后侧编织成环状至下摆。袖口…从休针的过肩的袖子、前后差开始挑针，单罗纹针编织成环状。领子…松开领窝的起针，并进行挑针，用单罗纹针编织成环状。

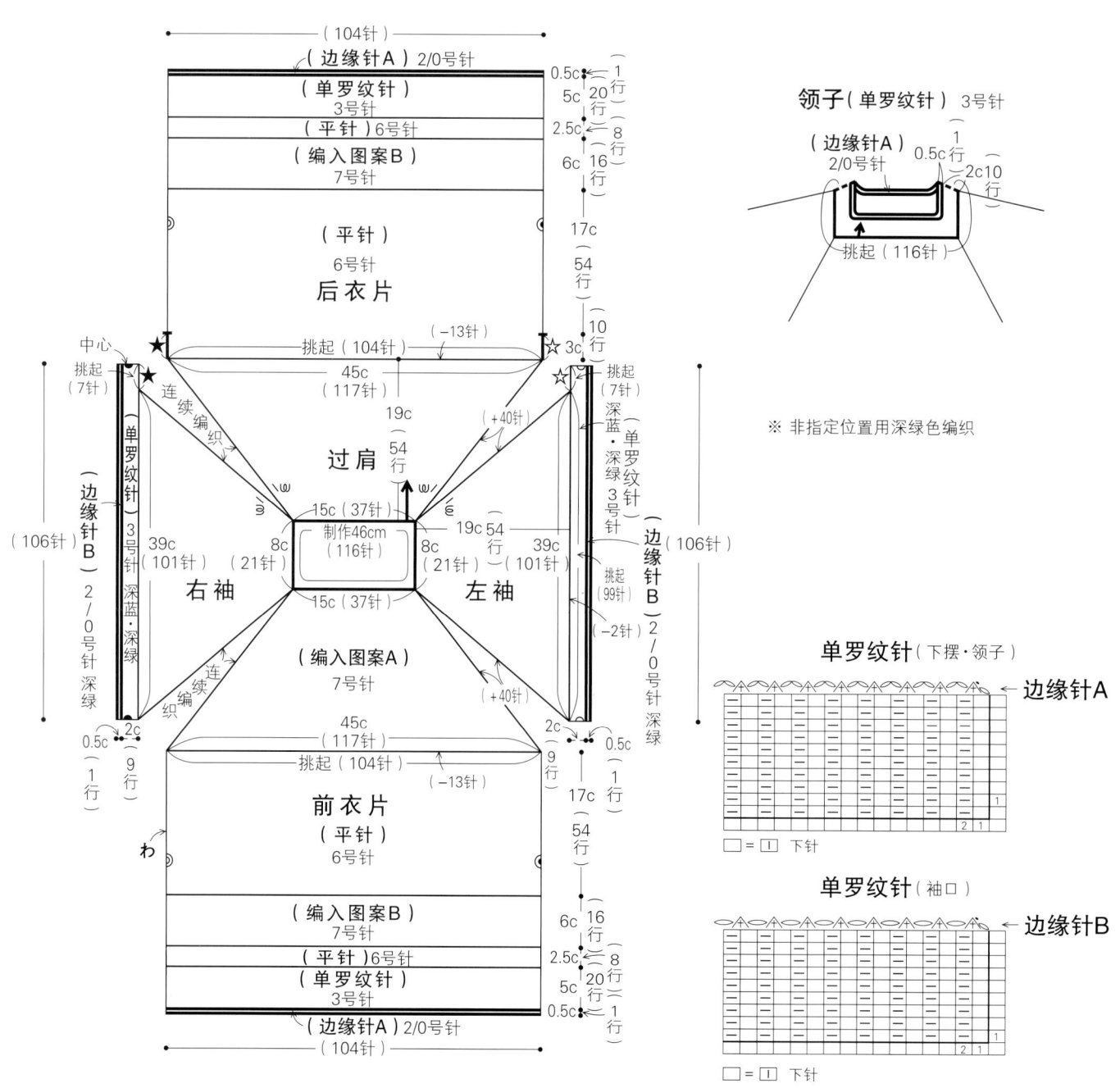

* 过肩・衣片・袖口的编织方法参照84及85页

北欧图案的短斗篷 …图片见第64页

- ●需要准备的物品　线…钻石毛线　钻石级美利奴　绿色(728) 270g=7团、黑色(730) 40g=1团、红色(717) 25g=1团、原色(702) 20g=1团　针…棒针7号、6号、3号，钩针2/0号
- ●成品尺寸　衣长54cm
- ●织片密度　10cm见方的平针23针×32行，编入图案26针×28.5行

- ●编织方法要点　下摆、领子的编织结束处分别用钩针编织边缘针。过肩…领窝位置制作别线锁针的起针，在插肩位置边卷针加针边用编入图案A编织54行。衣片…接着过肩，平针编织衣片。衣片的第1行减针，再无加减编织成环状。最后，流苏固定于下摆。领子…松开领窝的起针，并进行挑针，用单罗纹针编织成环状。

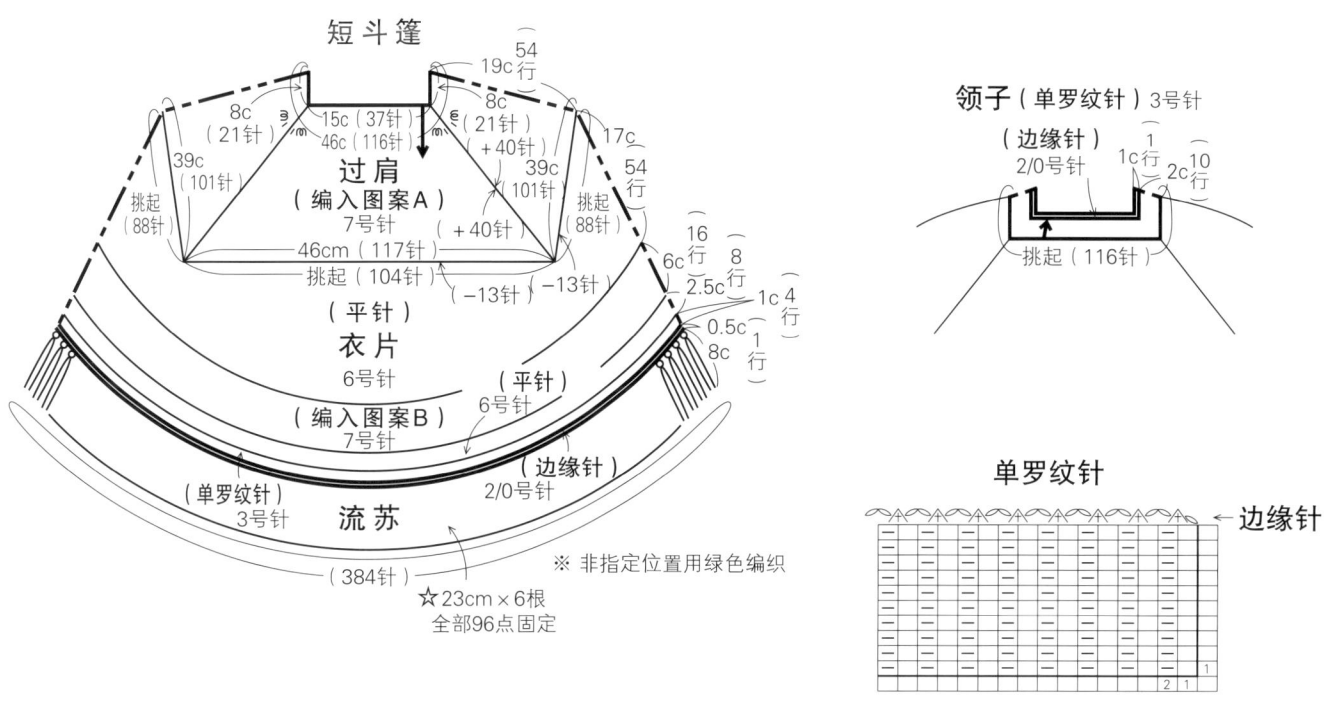

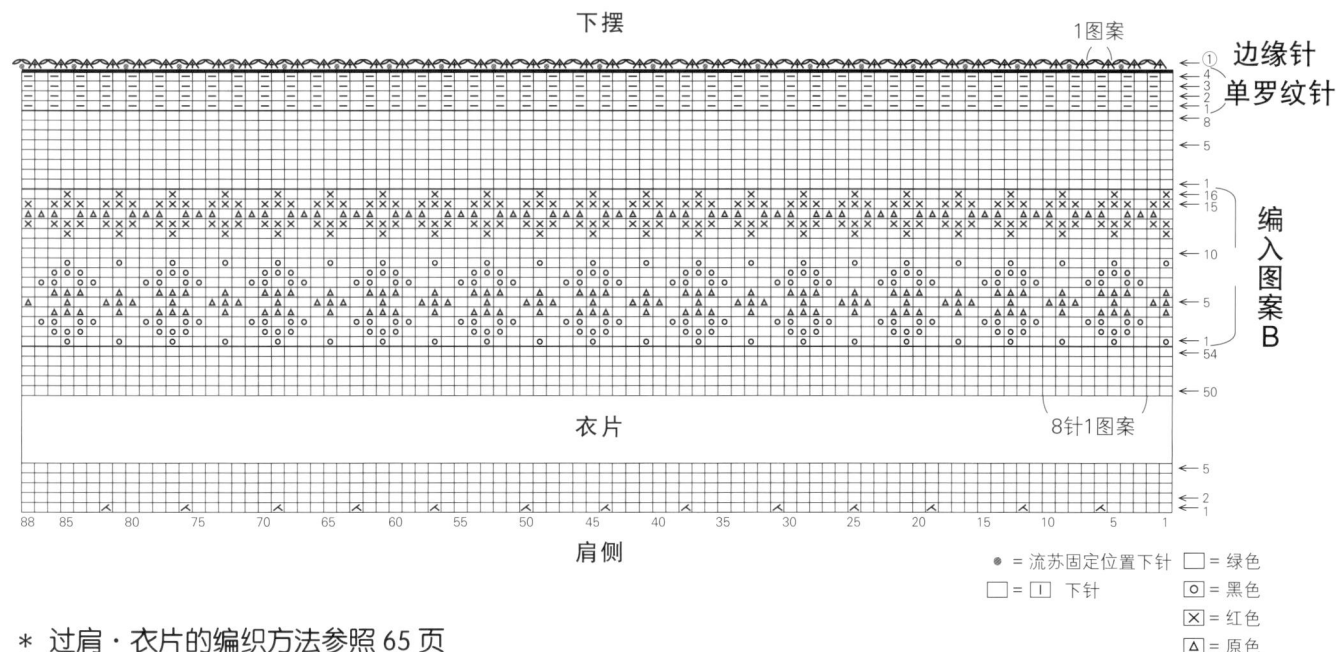

* 过肩・衣片的编织方法参照65页

北欧图案的短斗篷

将60页的过肩改造成短斗篷。
单一的色调凸显出红色，下摆的流苏极具民族风格。

设计…冈本启子　制作…井户本早百合　编织方法…63页

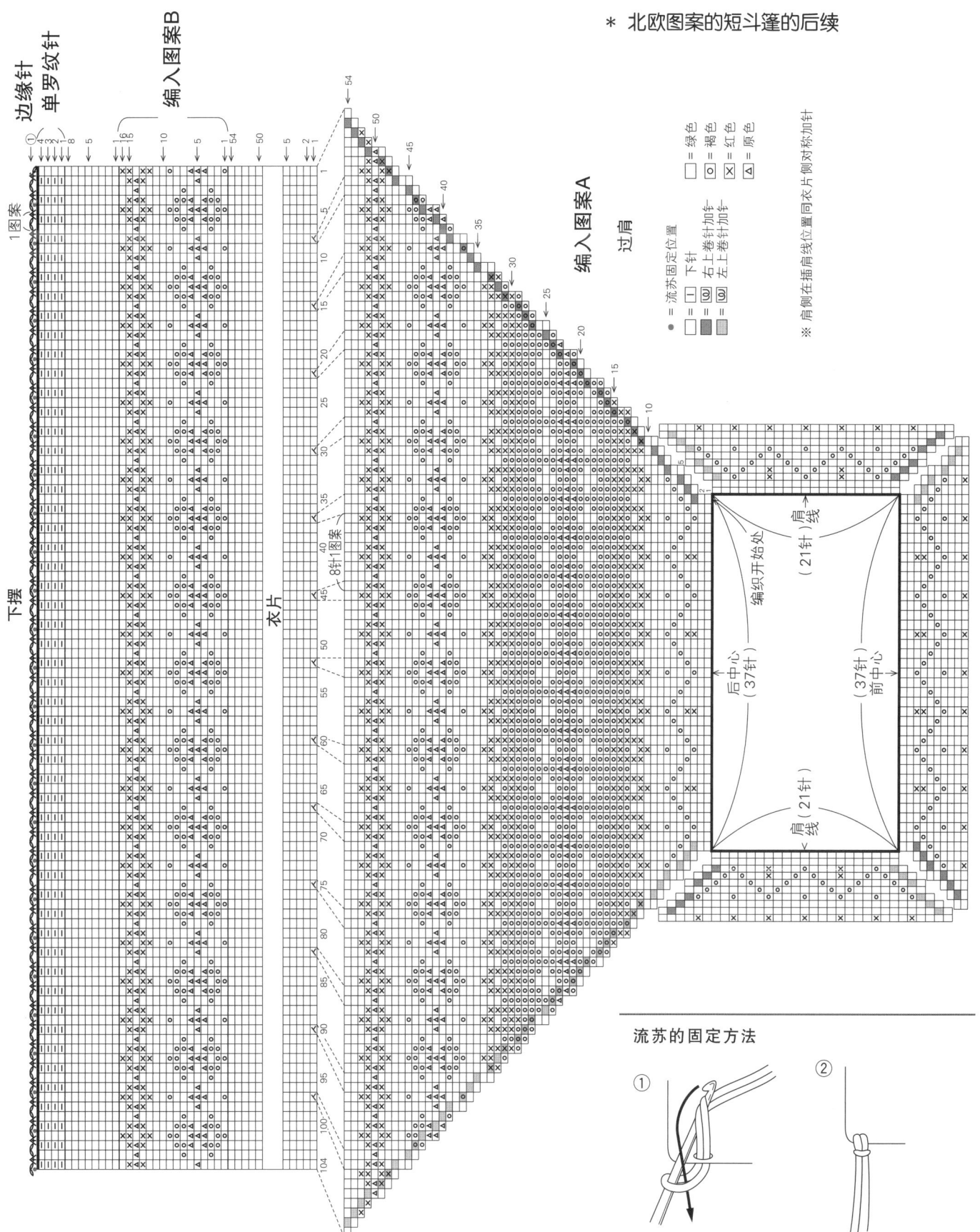

镂空图案的圆过肩开衫 …图片见第6

- ●需要准备的物品　线…内藤商事 muschio 亮棕色(353) 470g=10团　针…棒针15号　其他…直径2.8cm纽扣6个
- ●成品尺寸　胸围106cm、衣长44cm、袖长43cm
- ●织片密度　10cm见方的花纹针 10针×16行
- ●编织方法要点　花纹针…在织片的背面进行挂针和2针并1针的操作。除过肩的加针以外，挂针和2针并1针为组合。

过肩…领窝位置制作别线锁针的起针，编织过肩。过肩在两端制作4针起伏针，同前开襟一起编织。右前开襟侧制作扣眼。过肩分为袖子和衣片，袖子制作休针。衣片…衣片的侧边制作拼叉袖山，接着过肩的图案和前开襟继续编织至下摆。袖口…从休针的过肩袖子、衣片的拼叉袖山开始挑针，起伏针编织成环状。领子…松开领窝的起针，编织领子。领子的第2行位置制作扣眼。两前端制作3针并1针的减针，使后领子加高，以代替前后差。最后，左前开襟侧固定纽扣。

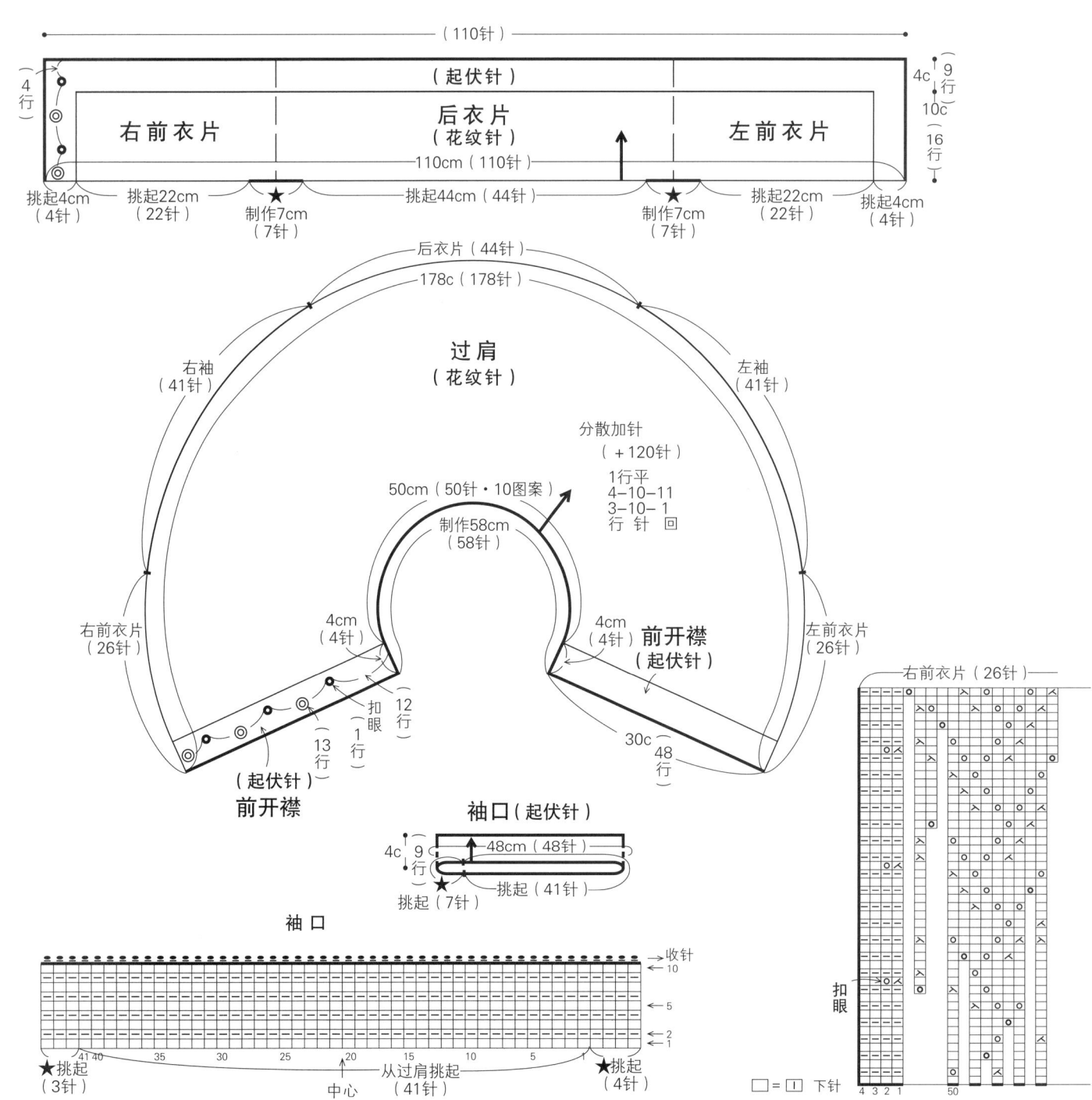

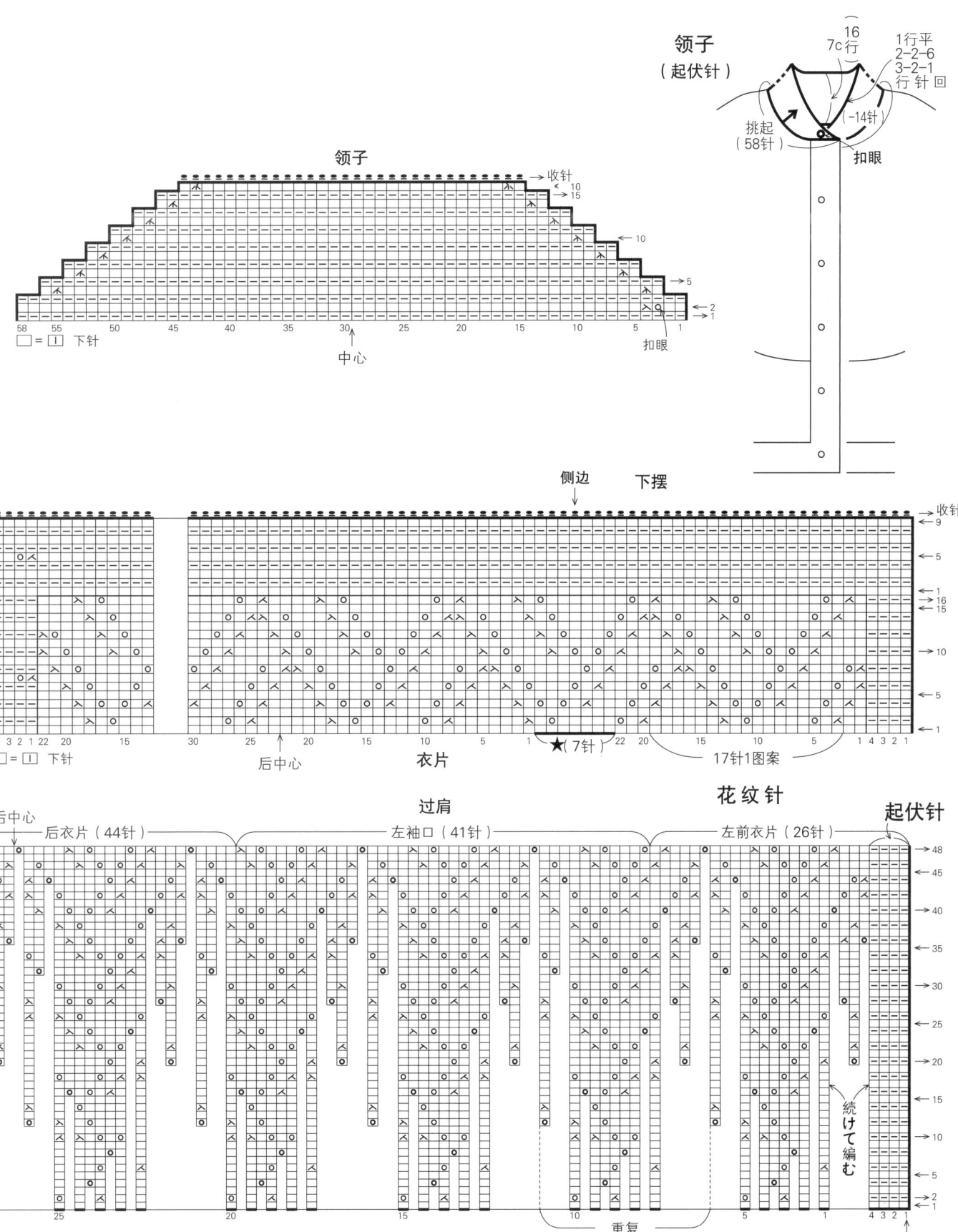

* 编入费尔岛彩色图案的毛衣的后续

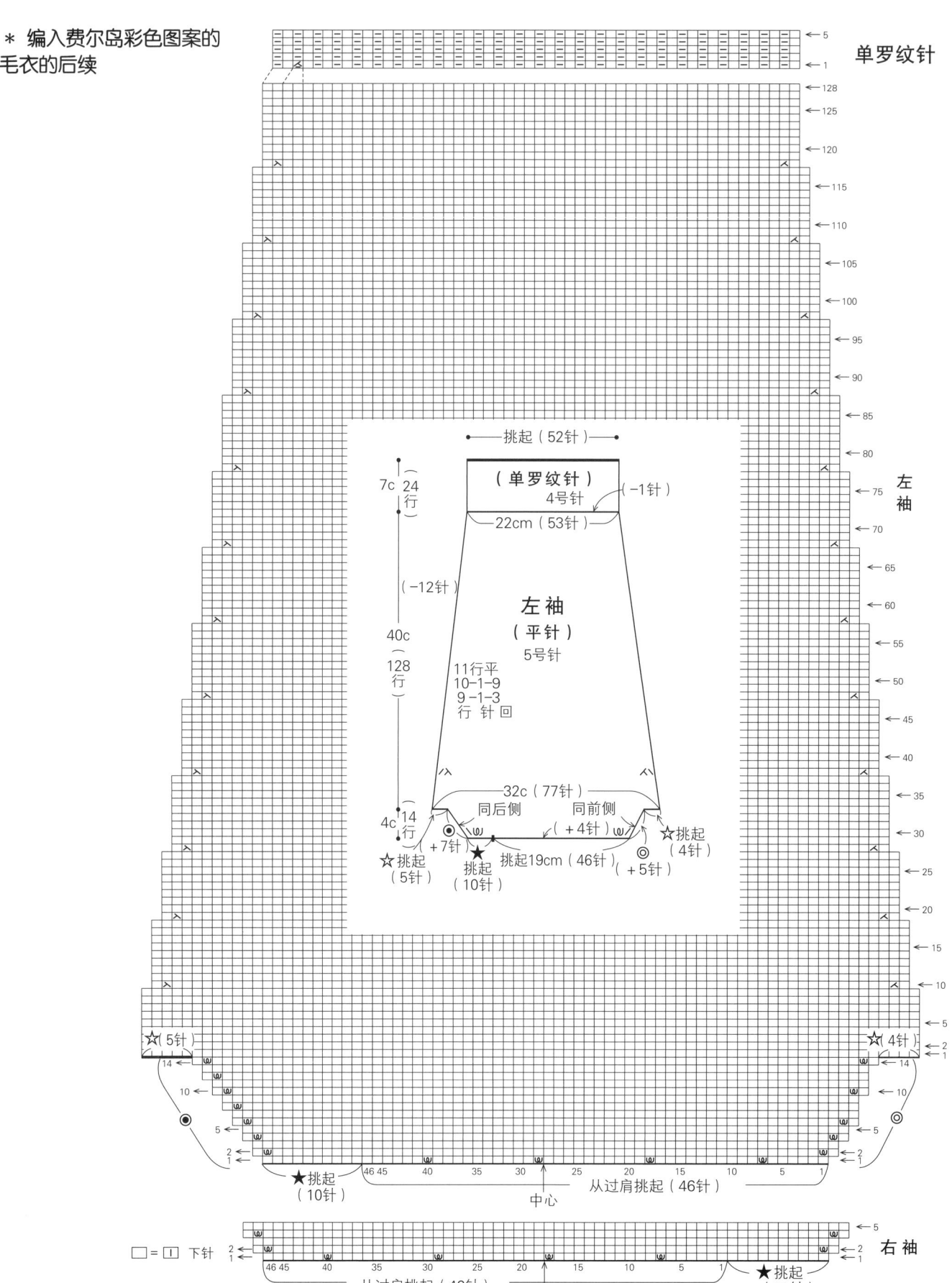

几何图案的圆过肩短上衣 …图片见第8页

- ●**需要准备的物品** 线…钻石毛线 羊驼 紫色(712) 110g=3 团、浅紫色(707) 40g=1 团、玫瑰色混纺(610) 40g=1 团 针…棒针 7 号、5 号 其他…直径 2cm 纽扣 2 个
- ●**成品尺寸** 胸围 96cm、衣长 50.5cm、袖长 60.5cm
- ●**织片密度** 10cm 见方的平针 19 针×25 行、编入图案 19 针×26.5 行

●**编织方法要点** 过肩…领窝位置制作别线锁针的起针,用编入图案 A 编织过肩。在图中位置均匀卷针加针,扩大编织。过肩分为袖子和衣片,袖子制作休针。衣片…过肩的后衣片位置编织前后差。衣片的侧边位置制作拼叉袖山,前后侧编织成环状至下摆。最后,编织结束处收针。袖子…从休针的过肩的袖子、前后差、拼叉袖山开始挑针,编织环状至袖口。领子·前开襟…松开领窝的起针,编织领子。编织前开襟,在图中位置固定纽扣及扣袢。

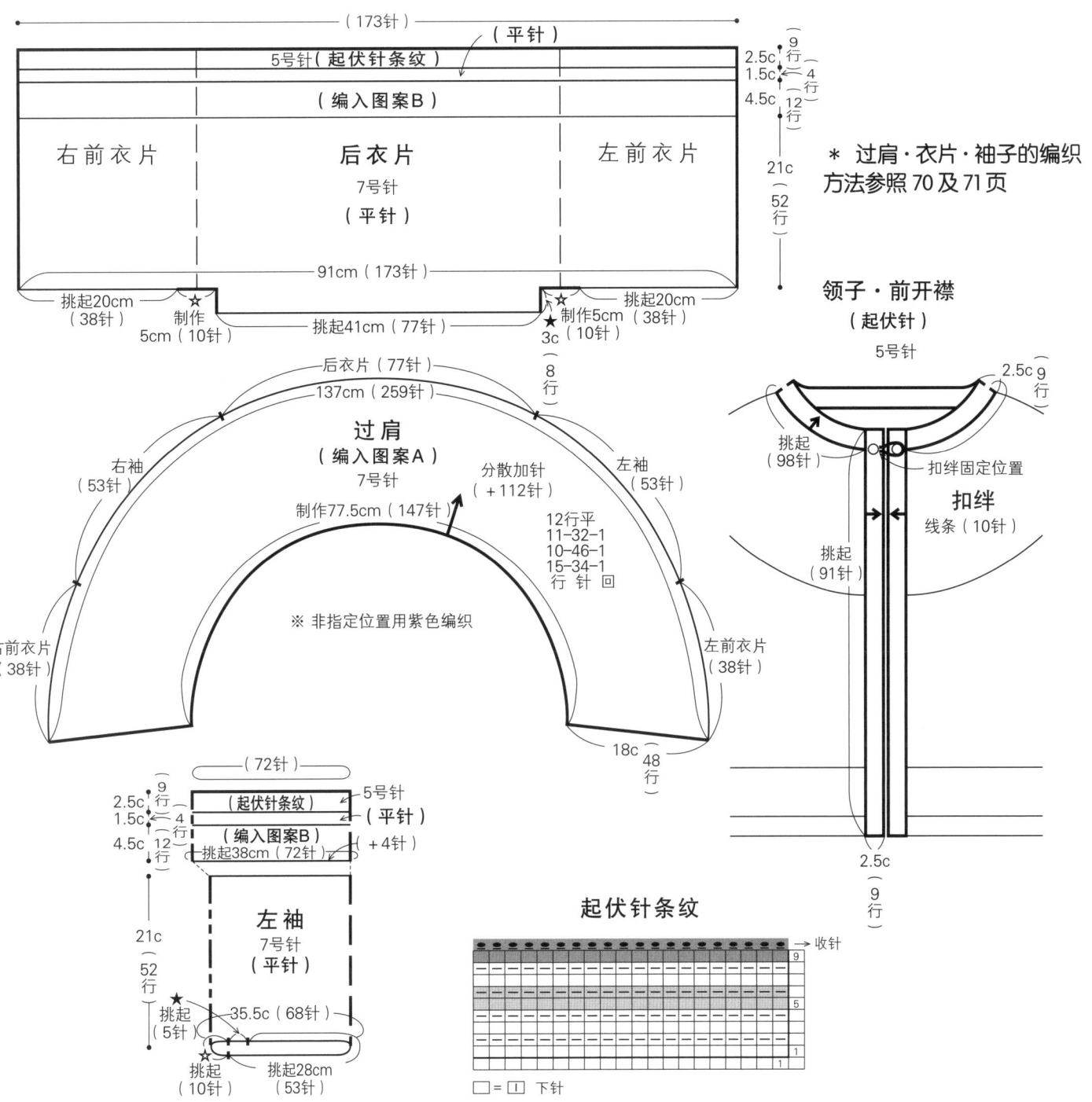

* 几何图案的圆过肩短上衣的后续

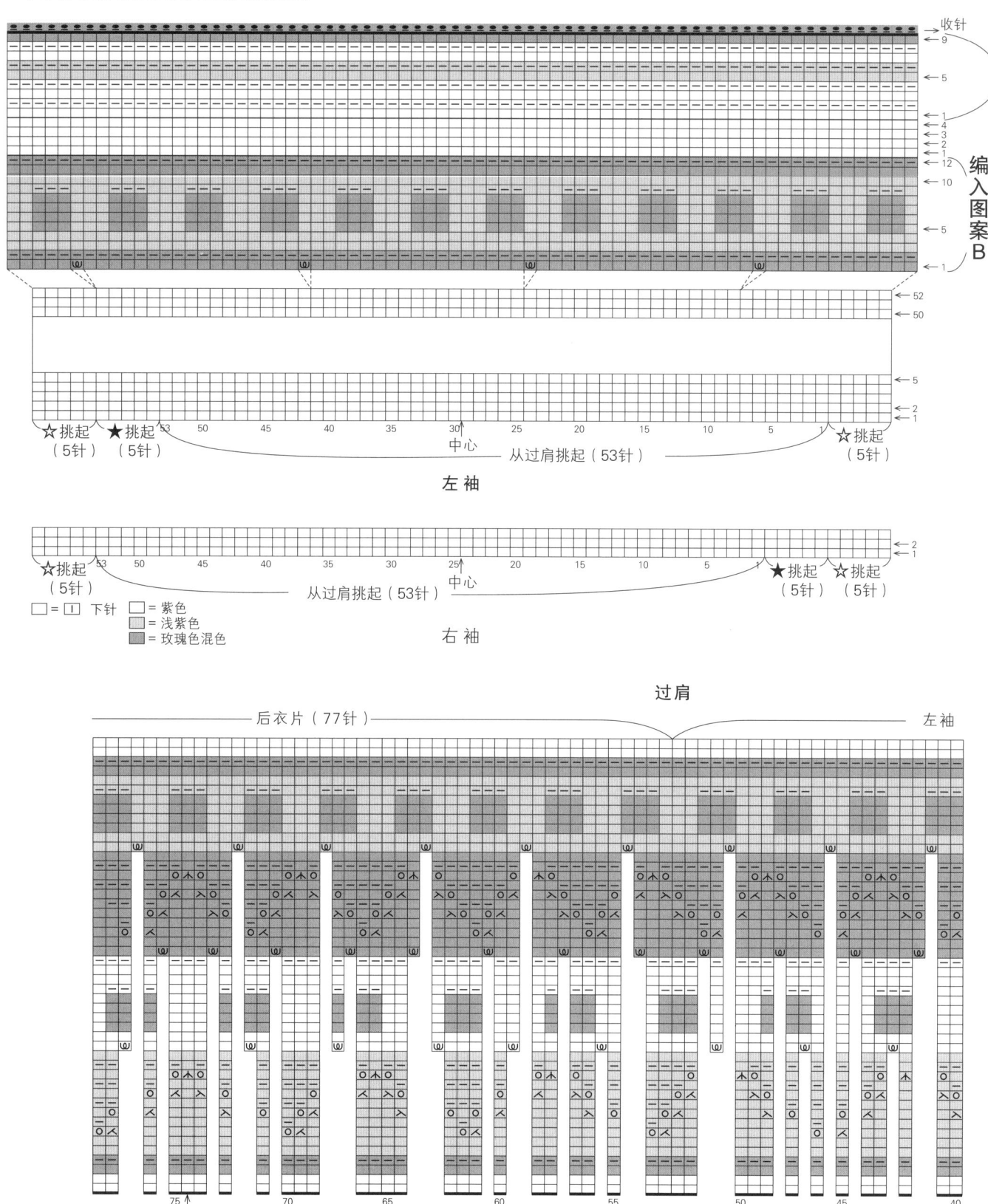

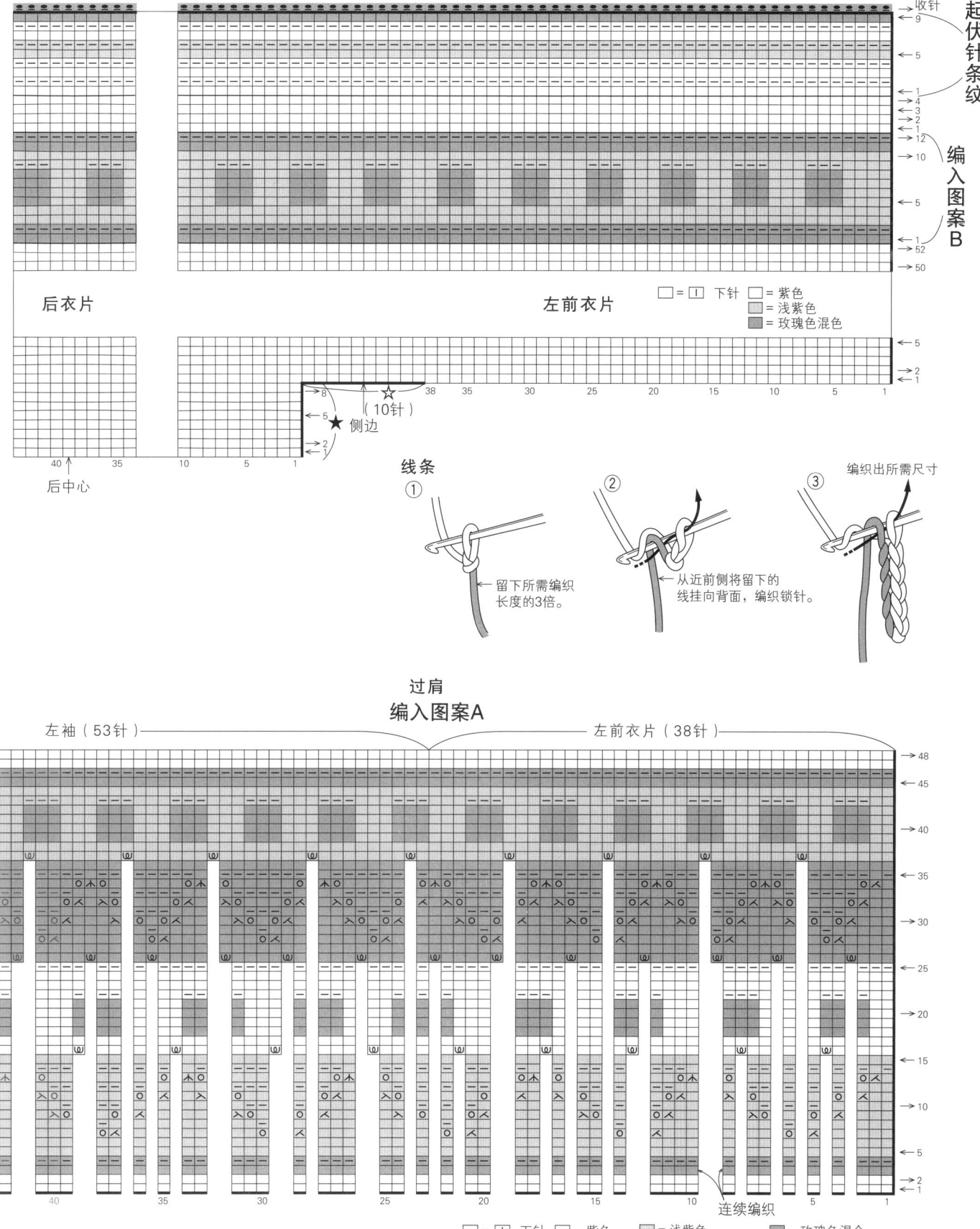

*彩色图案开衫的后续

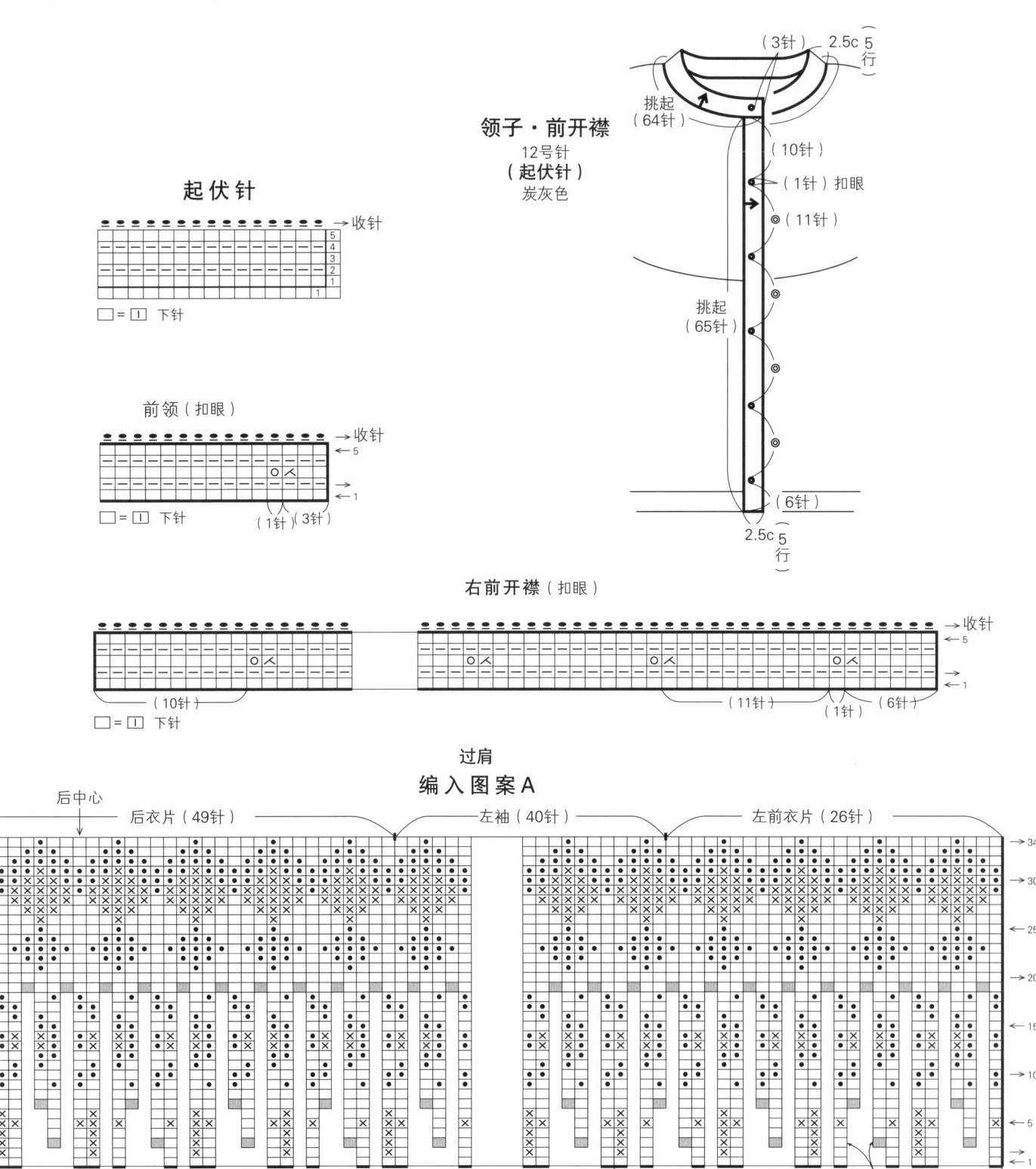

插肩式扭花图案毛衣 ··· 图片见22页

- ●需要准备的物品　线…内藤商事 zara 蓝色 (1481) 430g=9 团　针…棒针 7号、5号
- ●成品尺寸　胸围 90cm、衣长 56.5cm、袖长 45cm
- ●织片密度　10cm 见方的平针 21 针 ×29 行

●编织方法要点　过肩…领窝位置制作别线锁针的起针，过肩编织成环状。过肩在花纹针 C·C' 的两侧制作挂针的加针，扩大编织。过肩分为袖子和衣片，袖子制作休针。衣片…过肩的后衣片位置编织前后差。衣片的侧边位置制作拼叉袖山，前后侧编织成环状至下摆。编织结束处对齐上一行的针圈，进行收针。袖子…从休针的过肩的袖子、前后差、拼叉袖山开始挑针，编织环状至袖口。领子…松开领窝的起针，并进行挑针，将领子编织成环状。

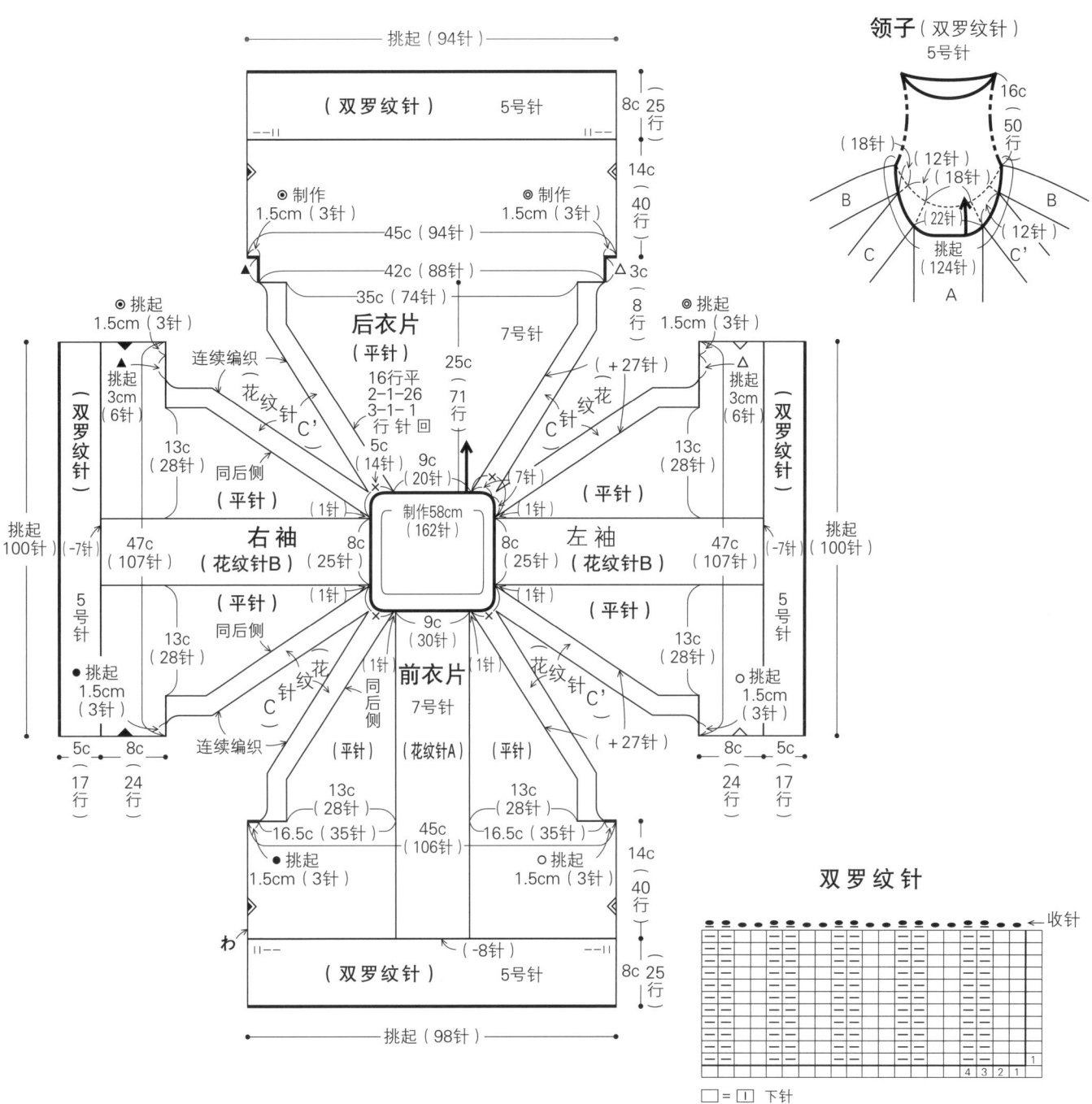

* 过肩·衣片·袖子的编织方法参照 74 及 75 页

* 插肩式扭花图案毛衣的后续

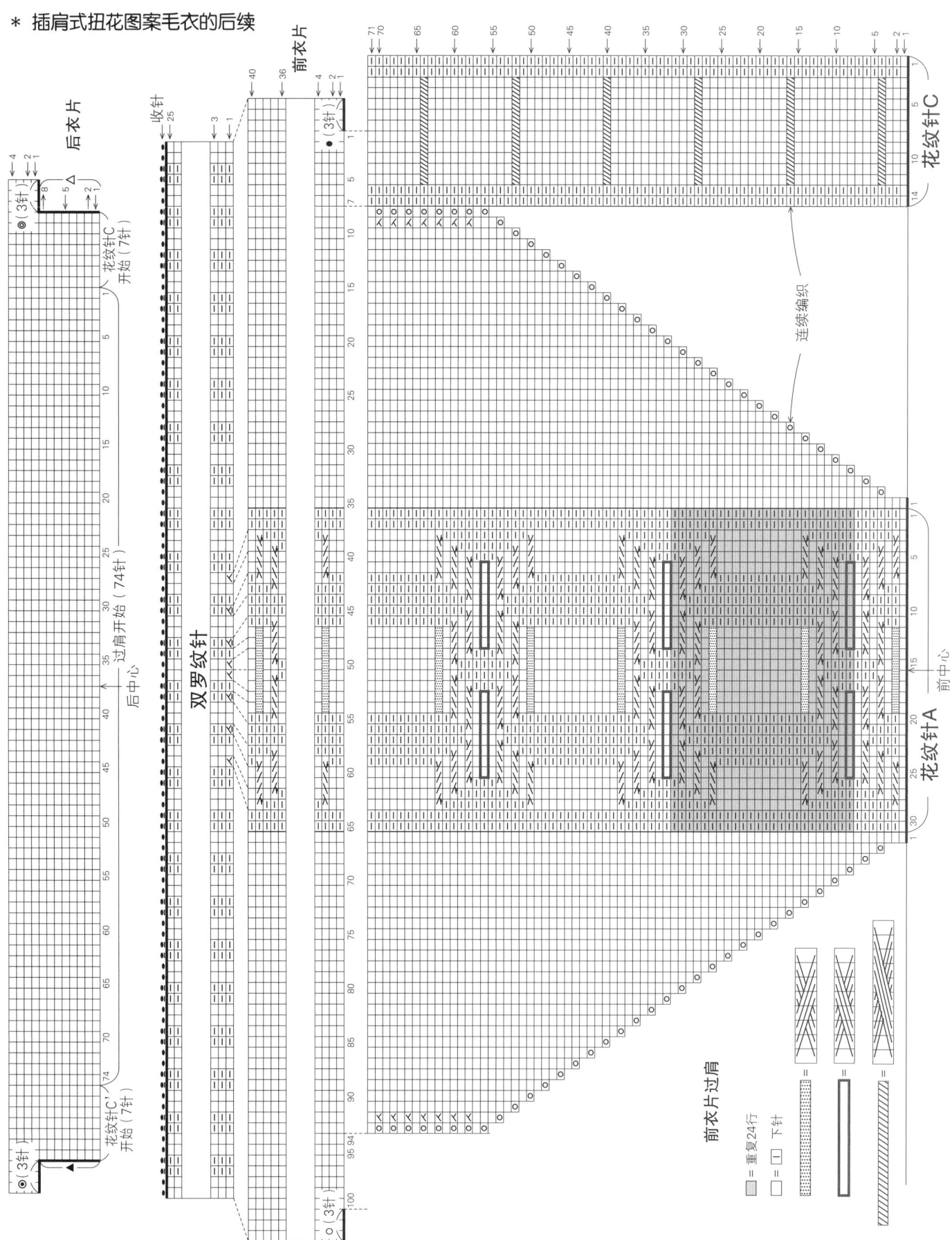

75

* **插肩式扭花图案毛衣的后续**　　过肩（束身衣为环编·披肩为来回针）

= 束身衣仅前中央参照77页的另附图

花纹针A

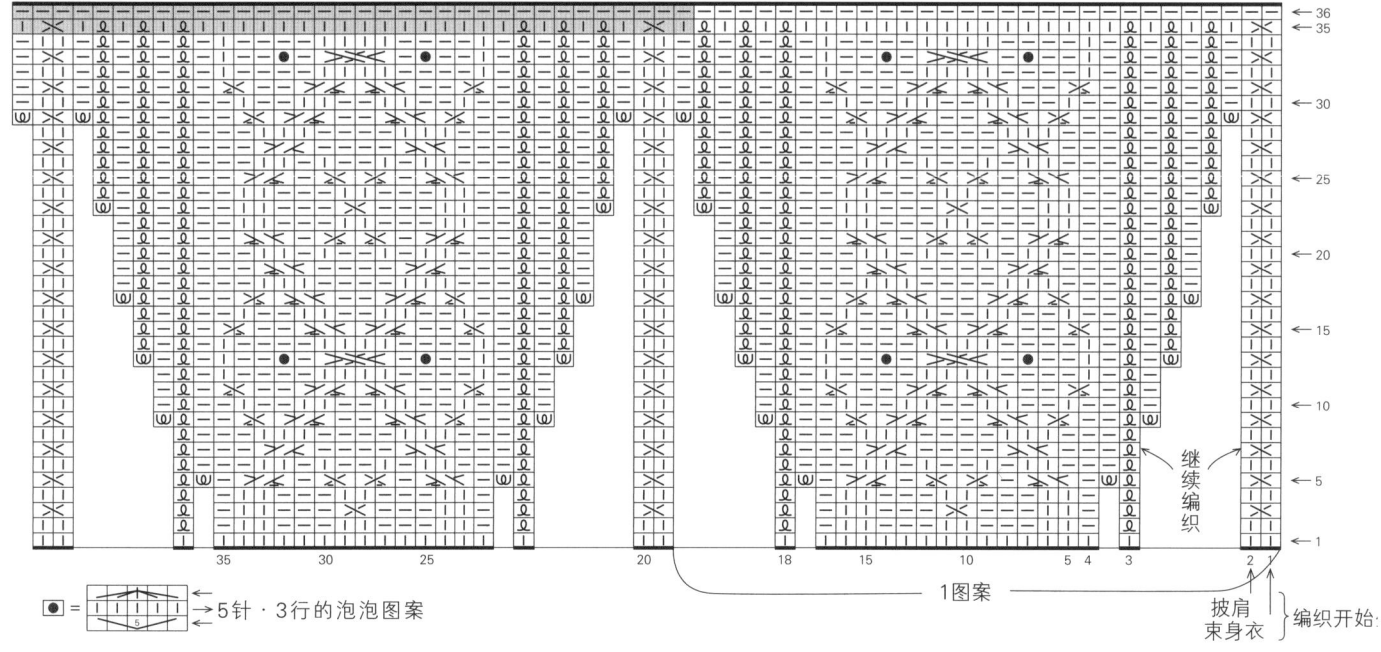

● = 5针·3行的泡泡图案

 右上2×1针（上针）的交叉

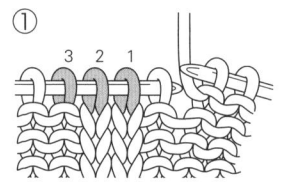
编织至针圈1的近身前。再将针圈1及2移动至其他棒针。

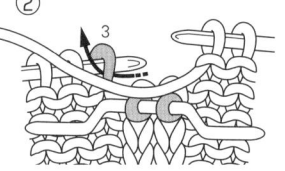
其他针压向织片的近身侧，用上针编织针圈3。

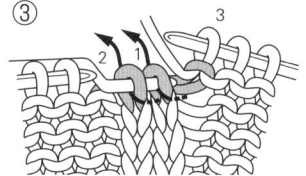
将针圈1及2编织成下针。

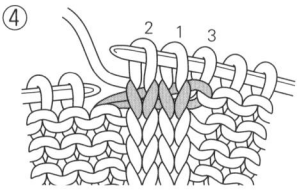
针圈3的上针过向至针圈1及2。

 左上2×1针（上针）的交叉

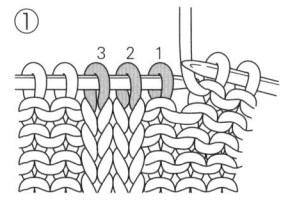
编织至针圈1的近身前。再将针圈1移动至其他棒针。

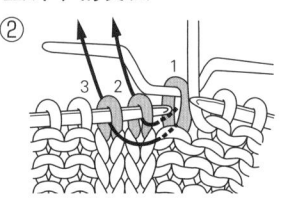
其他针压向织片的近身侧，用下针编织针圈2及3。

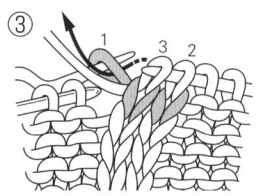
将针圈1编织成上针。

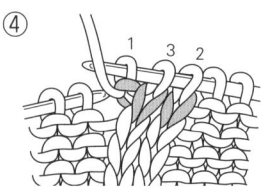
针圈1的上针过向至针圈2及3。

Ω 扭转针

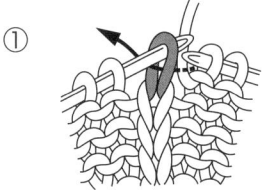
如箭头所示送入棒针。

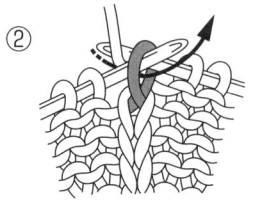
从扭转的针圈引出线。

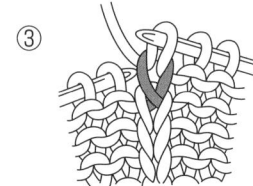
扭转针完成。

* 阿兰图案的束身衣的后续

花纹针A
束身衣的前衣片

5针·3行的泡泡图案

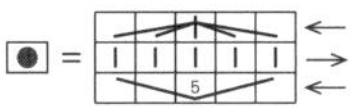

20行1图案

束身衣前中央的第35·36行

前中心

后衣片
平针

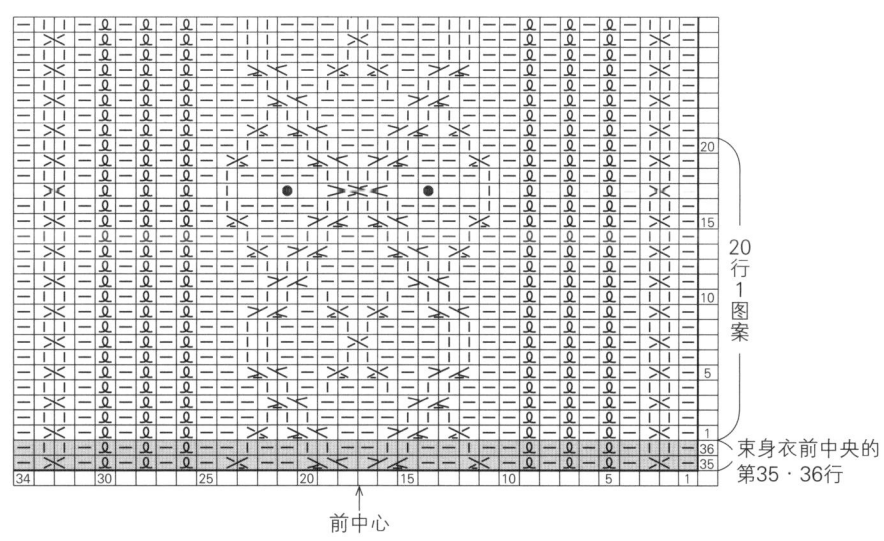

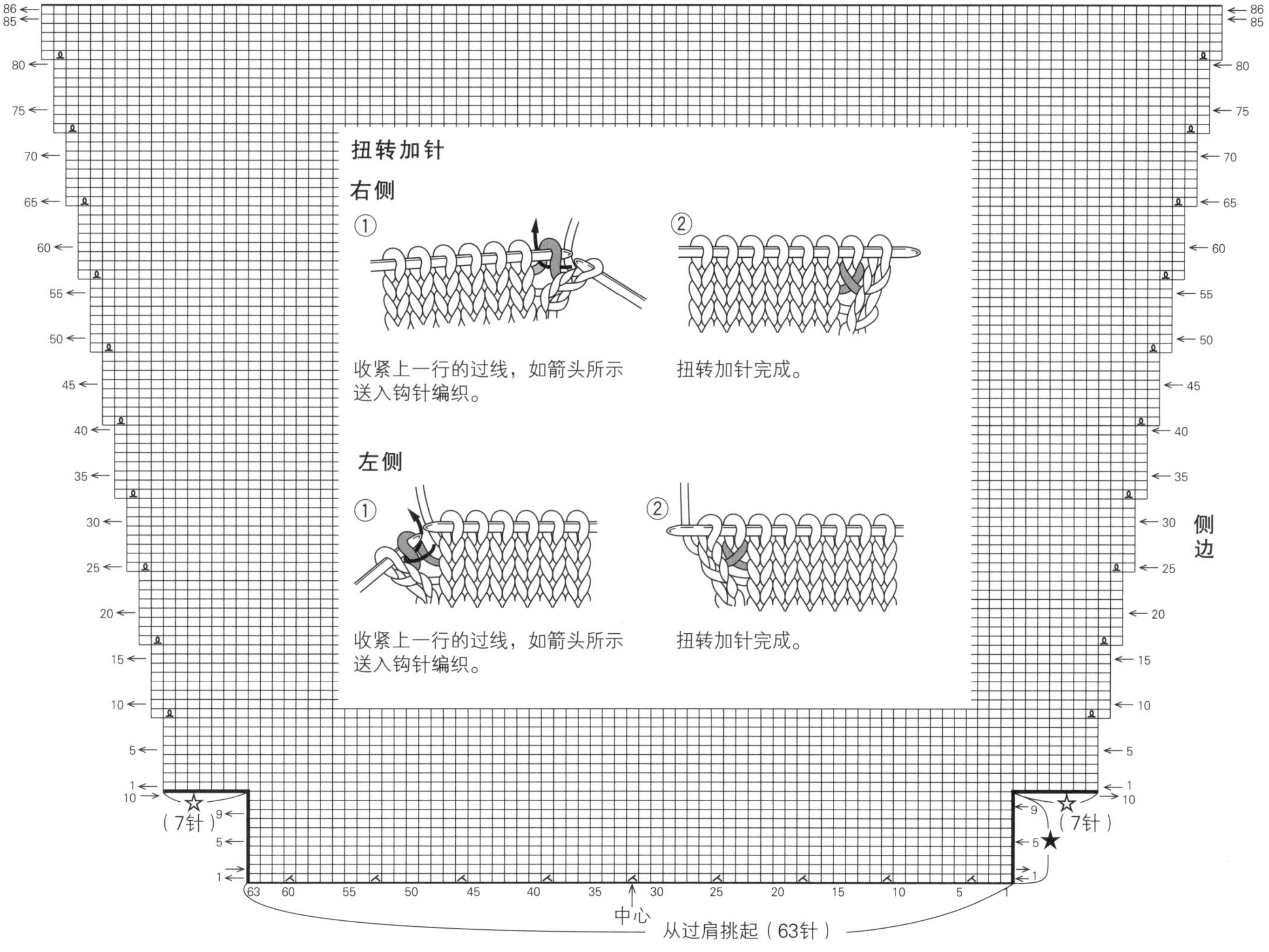

扭转加针

右侧
① 收紧上一行的过线，如箭头所示送入钩针编织。
② 扭转加针完成。

左侧
① 收紧上一行的过线，如箭头所示送入钩针编织。
② 扭转加针完成。

侧边

(7针) (7针)

中心
从过肩挑起（63针）

77

* 阿兰图案的插肩式毛衣的后续

花纹针C

左袖

右袖

花纹针B (24针)

□ = I 下针
■ = 重复8行

连续编织

★ 前接78页的衣片

衣片　袖　中心

* 编入费尔岛彩色图案的束身衣的后续

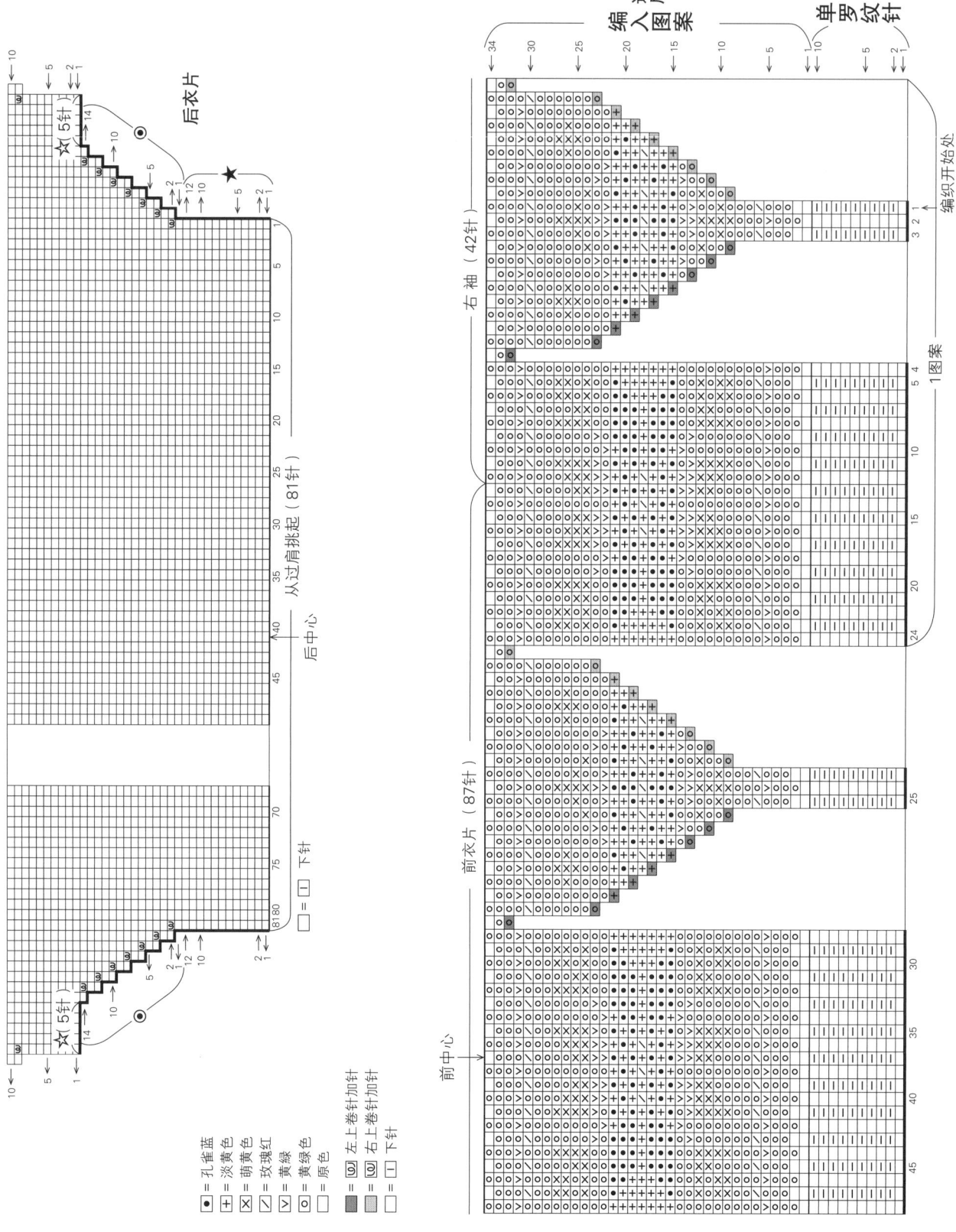

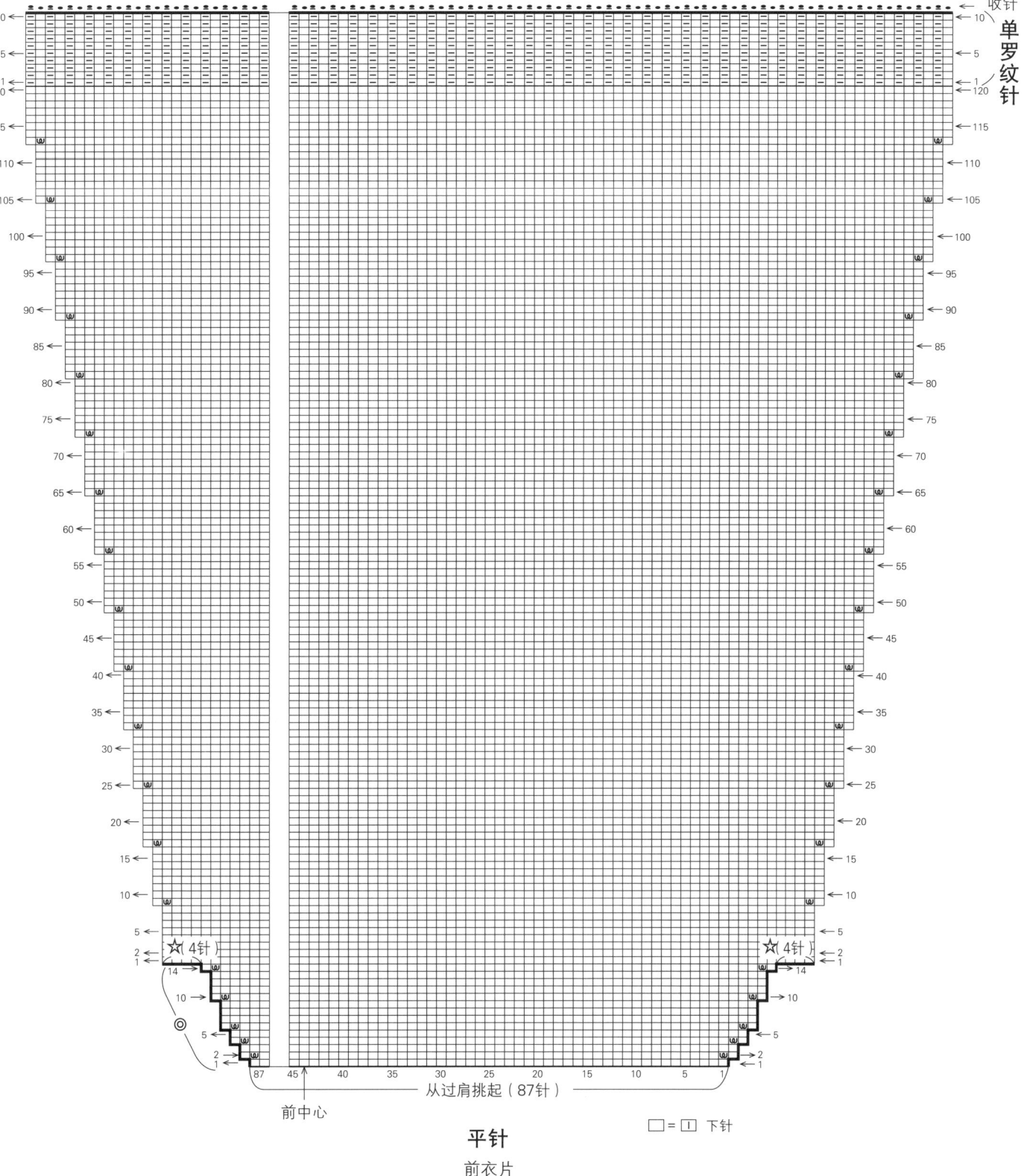

平针
前衣片

* 编入费尔岛彩色图案的短上衣的后续

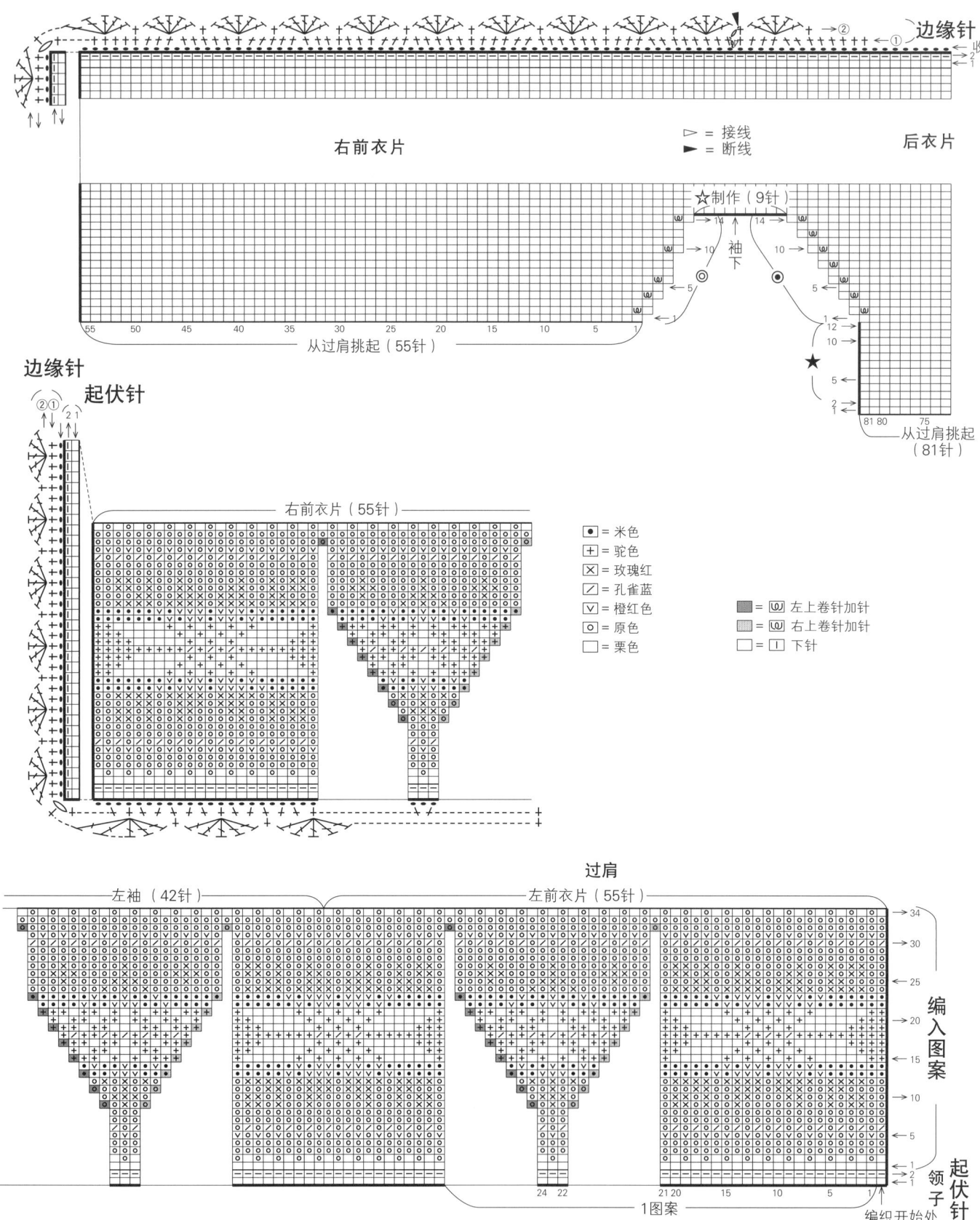

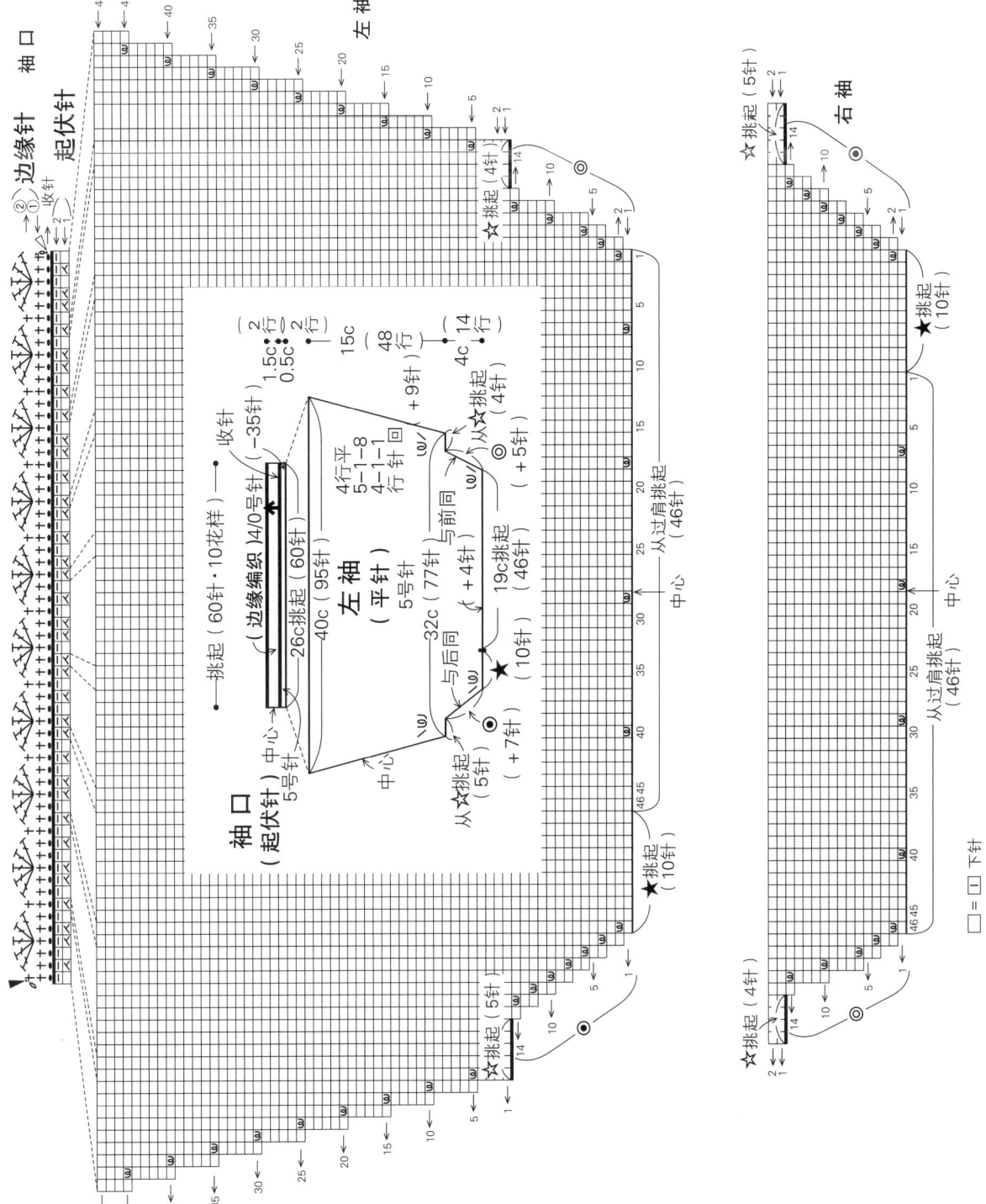

* 北欧图案的插肩式毛衣的后续

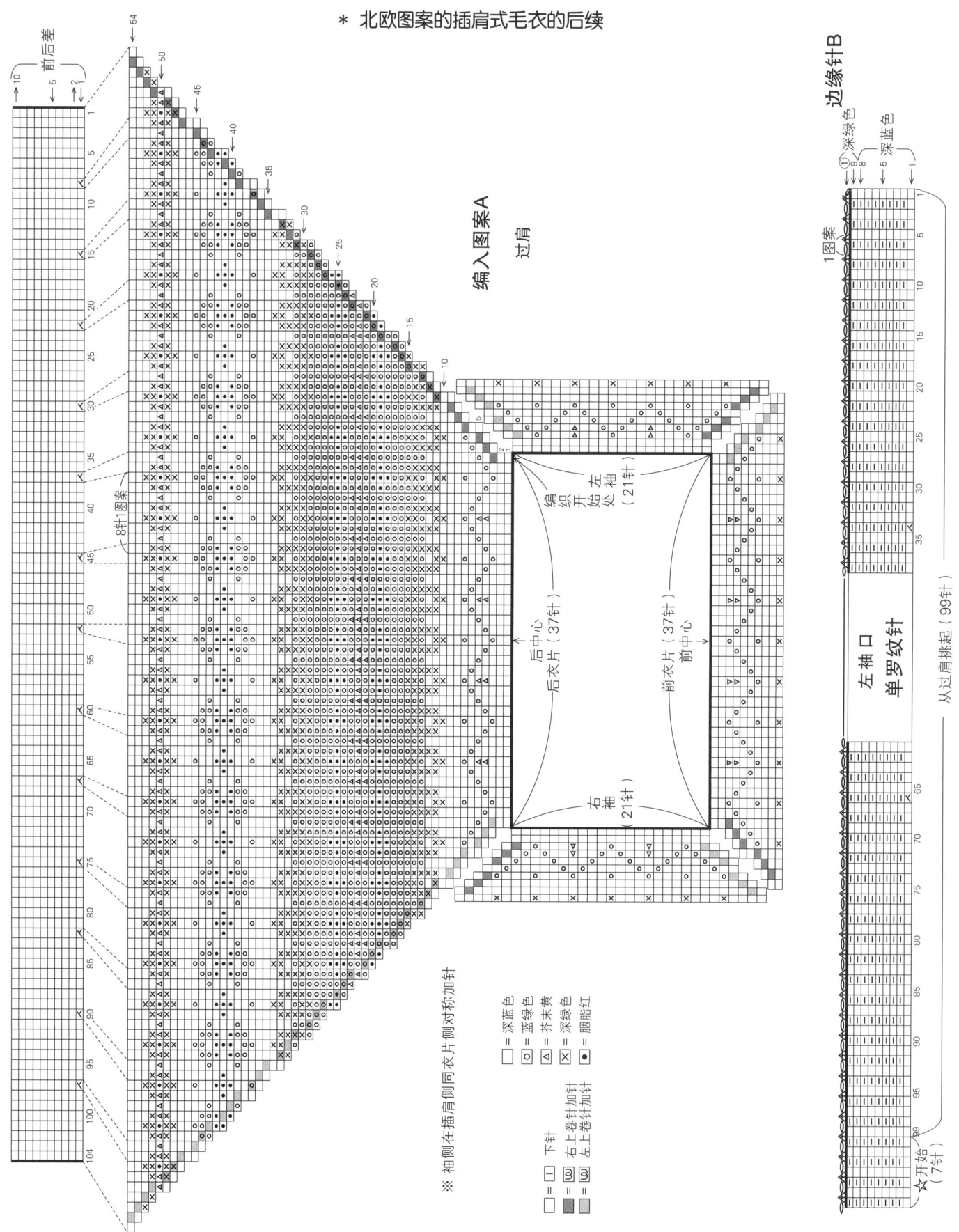

短针2针并1针

①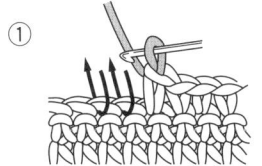
如箭头所示送入钩针，分别引出线。

②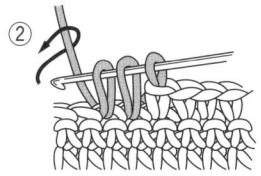
从上一行的2针引出针圈，并挂线。

③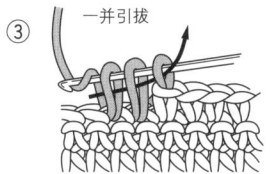
一并引拔
将挂线的3个线圈一并引拔。

④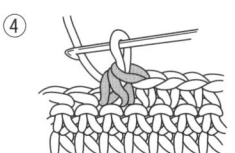
短针2针并1针完成。

□ = □ 下针
= 深蓝色
○ = 蓝绿色
△ = 芥末黄
╳ = 深绿色
● = 胭脂红

手指挂线起针

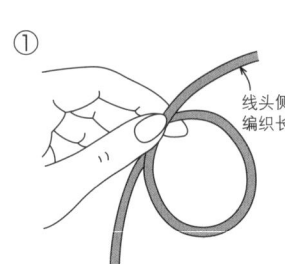

① 留出所需编织长度3倍的线头，制作成线环。

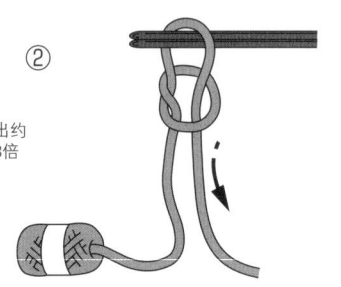

② 线头潜入环内，穿过2根棒针，引出线头拉收成线环。

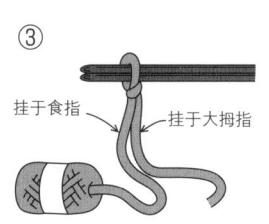

③ 挂于针的线圈为第1针。线头挂于大拇指，线结侧挂于食指。

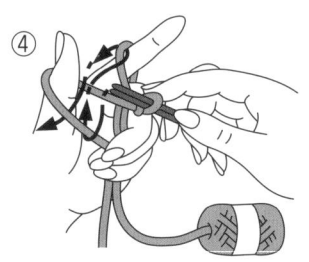

④ 其余的手指压住线的根部，挑起大拇指的线挂于食指的线中，同时潜入线环。

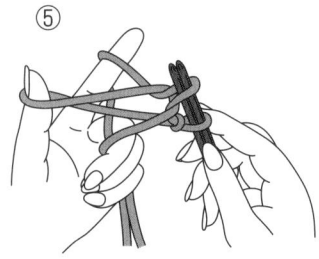

⑤ 暂时将挂于大拇指的线松开。

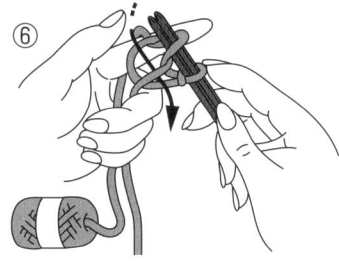

⑥ 如箭头所示送入大拇指，缓缓拉收针圈。

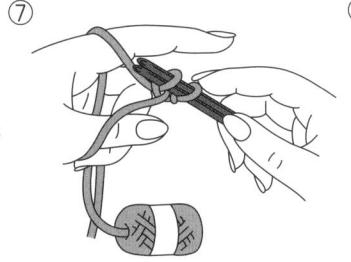

⑦ 第2针完成。重复步骤4～7，制作所需的针数。

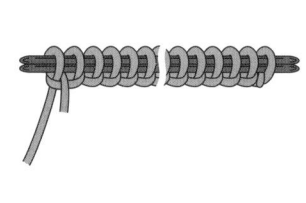

⑧ 起针制作完成。至此，第1行·下针完成。编织第2行前抽出1根针，制作成针圈。

 中上3针并1针

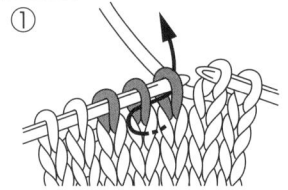

① 如箭头所示将棒针送入2针，不编织移动至右针。

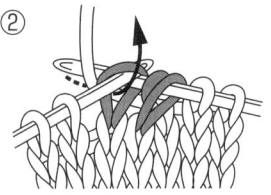

② 棒针送入下一个针圈继续编织。

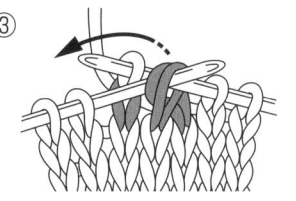

③ 用编织完成的针圈盖住移动完成的2针。

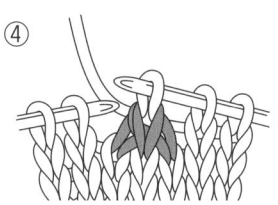

④ 中上3针并1针制作完成。

 左上2针并1针

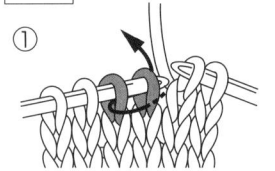

① 如箭头所示将棒针送入2针，一并编织。

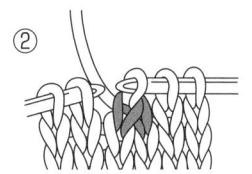

② 左上2针并1针制作完成。

右上2针并1针

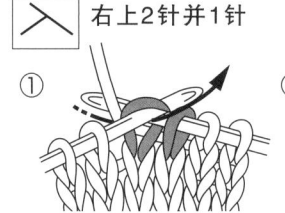

① 第1针不编织移动至右针，先编织下一个针圈。

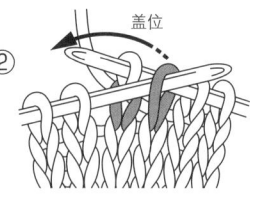

② 用编织完成的针圈盖住第1针。

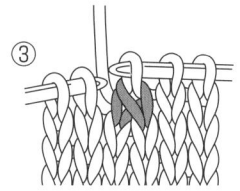

③ 右上2针并1针制作完成。

 挂针

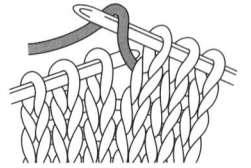

挂线于针。

穿针结

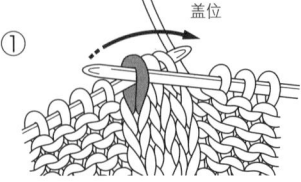

① 右针送入3针前的针圈，挂住右侧的2针。

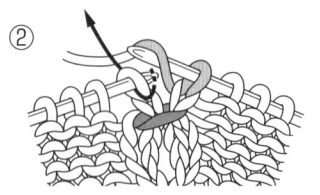

② 右侧的针圈编织成下针，制作挂针。

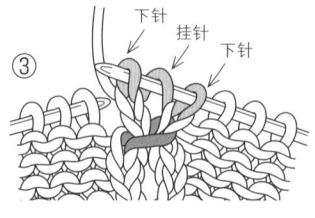

③ 剩余的针圈编织成下针，制作完成。

简单的尺寸调整

尺寸调整方便是从领口编织毛衣的优势。不仅衣长，衣宽及袖长都可轻松调整。

女性尺码表（cm）

标准尺寸	S	M	L
身高	150–155	154–160	158–164
胸围	78–82	82–86	86–90
背肩宽	32–34	34–36	36–38
袖长	47–49	49–51	51–53

成品尺寸	S	M	L
胸围	92	96	100
袖长（长袖）	67.5	69.5	71.5
衣长	51	53	55

※ 尺码表仅供参考。本书的作品基本按照标准尺寸制作。但是，不同设计会产生一定的差异，请对应作品进行调整。

●织片密度的调整

使用本书作品中的编织线，相同针数·行数，通过改变针的粗细改变作品的尺寸。这样的过程就是"织片密度的调整"。如果编针改变1号，针圈的大小改变约5%。这种方法最适合单纯改变作品整体大小。

※ 个人编织手感（所用的棒针也会有影响）的差异会对织片密度有影响。编织作品前，最好用所使用的棒针进行织片密度的试织。此外，如果调整的针号过大（或过小），可能会对作品效果产生影响。所以，调整棒针号数时，最好控制在±2号范围内。

●通过改变针数·行数调整尺寸

使用本书作品的线和针，通过改变衣宽及衣长，实现尺寸调整。这种情况下，基本按照相同织片密度进行编织。

[圆过肩]

如果需要对作品的尺寸进行调整（或大或小），过肩部分仍然按照本书要求编织。

衣宽…通过拼叉袖山的起针调整，实现所需的胸围尺寸。这种情况下，袖宽对应衣宽，自然调整。

衣长·袖长…编织成所需的长度。

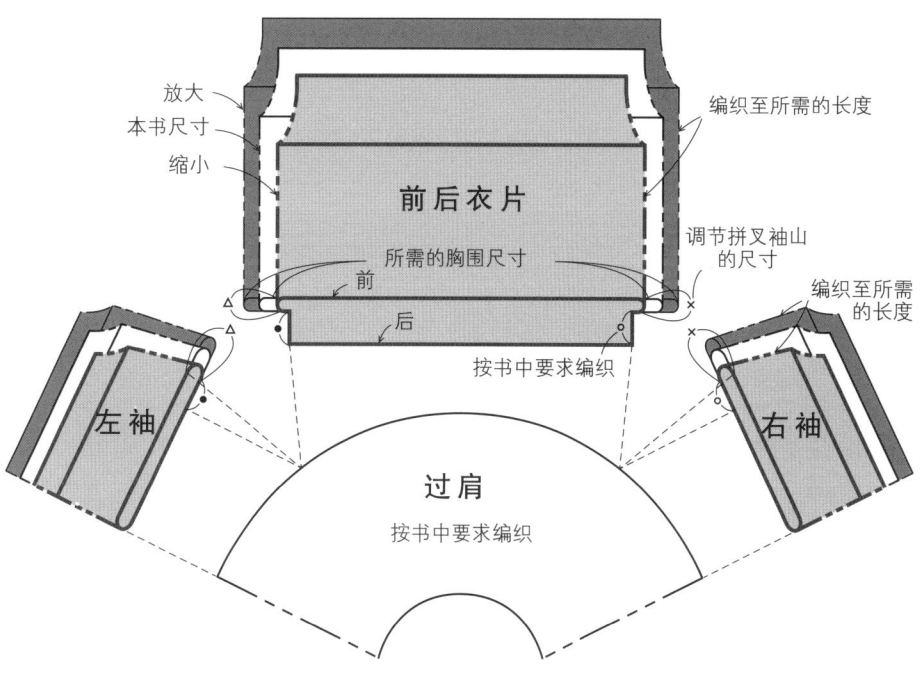

[插肩]

如果需要对作品的尺寸进行调整（或大或小），前后差及拼叉袖山部分仍然按照本书要求编织。

衣宽…将过肩编织至所需的胸围尺寸。如果需要放大原作品尺寸，插肩线位置边加针边拉收过肩长度；如果需要缩小原作品尺寸，编织至所需尺寸即可。

衣长·袖长…编织成所需的长度。

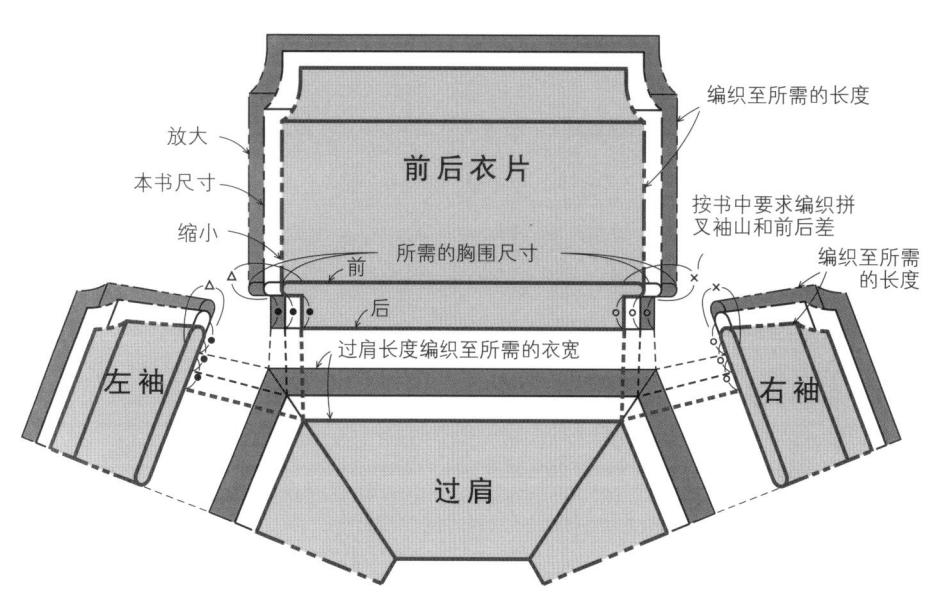

内容提要

本书为日本宝库社出品（宝库社是日本专门出版手工类图书的出版社，旗下出版物风靡世界），汇集了多位编织大师设计制作的 17 款从领口开始的棒针编织作品，美轮美奂又简单易学。因为没有缝合和接袖的问题，即使是初学者，也能通过详细的图解说明轻松上手，感受编织乐趣！

北京市版权局著作权合同登记号：图字 01-2012-6044

TOJI HAGI NASI NECK KARA AMU SWEATER (NV70095)
Copyright ©NIHON VOGUE-SHA 2011
All rights reserved
Photographers: MANA MIKI, NORIAKI MORIYA, KANA WATANABE
Designer of the projects in this book: MAKIKO OKAMOTO, JUN SHIBATA, JUNKO YOKOYAMA, MAYUMI KAWAI, KAZEKOBO, KEIKO OKAMOTO
Original Japanese edition published in Japan by NIHON VOGUE CO., LTD.,
Simplified Chinese translation rights arranged with BEIJING BAOKU INTERNATIONAL CULTURAL DEVELOPMENT Co., Ltd.

图书在版编目（CIP）数据

从领口开始的棒针编织 / 日本宝库社编著；韩慧英，闻江涛译. -- 北京：中国水利水电出版社，2012.11（2025.10重印）
（宝库编织）
ISBN 978-7-5170-0285-7

Ⅰ. ①从… Ⅱ. ①日… ②韩… ③闻… Ⅲ. ①毛衣针－绒线－编织－图解 Ⅳ. ①TS935.522-64

中国版本图书馆CIP数据核字(2012)第253651号

策划编辑：杨庆川　责任编辑：杨元泓　封面设计：李　佳

书　名	宝库编织 从领口开始的棒针编织
作　者	[日]宝库社　编著 韩慧英　闻江涛　译
出版发行	中国水利水电出版社 （北京市海淀区玉渊潭南路 1 号 D 座　100038） 网址：www.waterpub.com.cn E-mail：mchannel@263.net（答疑） 　　　　sales@mwr.gov.cn 电话：（010）68545888（营销中心）、82562819（组稿）
经　售	北京科水图书销售有限公司 电话：（010）68545874、63202643 全国各地新华书店和相关出版物销售网点
排　版	北京万水电子信息有限公司
印　刷	天津联城印刷有限公司
规　格	210mm×260mm　16 开本　5.5 印张　235 千字
版　次	2012 年 11 月第 1 版　2025 年 10 月第 28 次印刷
定　价	39.90 元

凡购买我社图书，如有缺页、倒页、脱页的，本社营销中心负责调换

版权所有·侵权必究